激发孩子兴趣的
鸟类百科

冰河 编著

中国纺织出版社有限公司

内 容 提 要

鸟类是地球上最常见且适应能力最强的动物之一，我们随处可见鸟类的身影，哪些鸟不会飞？哪些鸟擅长伪装？哪些鸟堪称"跳水冠军"？哪些鸟是筑巢的能工巧匠？

本书从孩子感兴趣的话题——鸟类出发，讲述了鸟类的一些特点，并将鸟类分为猛禽、鸣禽、陆禽、游禽和涉禽、攀禽五个类别进行介绍，语言生动有趣，为孩子呈现了丰富有趣的鸟类王国，让孩子了解鸟类的外形、习性、飞行特征、羽色、食性、鸣声等知识。

图书在版编目（CIP）数据

激发孩子兴趣的鸟类百科 / 冰河编著. –– 北京：中国纺织出版社有限公司，2024.4
ISBN 978-7-5180-9654-1

Ⅰ. ①激… Ⅱ. ①冰… Ⅲ. ①鸟类－儿童读物 Ⅳ. ①Q959.7-49

中国版本图书馆CIP数据核字（2022）第113384号

责任编辑：刘桐妍　责任校对：高 涵　责任印制：储志伟

中国纺织出版社有限公司出版发行
地址：北京市朝阳区百子湾东里A407号楼　邮政编码：100124
销售电话：010—67004422　传真：010—87155801
http://www.c-textilep.com
中国纺织出版社天猫旗舰店
官方微博 http://weibo.com/2119887771
三河市延风印装有限公司印刷　各地新华书店经销
2024年4月第1版第1次印刷
开本：710×1000 1/16　印张：10
字数：112千字　定价：49.80元

前言
PREFACE

　　小朋友们，在你生活的周围，是不是经常能看见各种鸟类？有长嘴的、有短嘴的，有颜色鲜艳的、有灰暗的，有在清晨活动的，也有在夜间啼叫的……的确，鸟类是地球上适应能力最强的动物之一。无论是陆地、天空、海洋乃至荒无人烟的深山，都有它们的身影。有几种鸟类，如企鹅，已经失去了飞行的能力，但依然在南极生活；还有一些鸟类，如雨燕，它们可以一刻不停地飞好几个月，在筑巢时才会着陆。

　　同时，鸟类也是人类的朋友，世界上95%以上的鸟类以昆虫为食，是害虫和鼠类的天敌。一只猫头鹰一个夏季能保护1吨粮食，一只燕子仅一个夏季就能捕捉120万只苍蝇、蚊子，一只啄木鸟一天可以吃掉树干中的300多只害虫。鸟类更是环境的检测仪，鸟类离开或不愿去的地方，往往就是环境污染较为严重之处。

　　人类虽然喜爱鸟类，对鸟类的研究从未停止过脚步，但是仍不乏伤害鸟类的种种行为，如滥捕滥杀、环境污染、森林湿地等栖息地的破坏，对鸟类的生存环境造成威胁。如今，世界上每8种鸟类中就有一种鸟类面临着灭绝的危险，或者说共有1211种鸟类面临着灭绝的危险，占已知的1万种鸟类的12%，而且有179种鸟类已经处在灭绝边缘。在1211种濒危鸟类中，有966种（占80%）鸟类的数量不到10000只，数量在2500只以下的有502种（占41%），有77种鸟类的数量不足50只，这77种鸟类属于高危物种，稍不注意就会从地球上消失。

　　所幸，人类意识到问题的严重性，开始采取积极的保护措施，保护它们的鸟巢，为它们提供充足的食物。同时，一些求知欲强的小朋友，也开始痴迷地钻研关于鸟类研究与保护的知识。

为满足小朋友们的好奇心和求知欲，我们特地精心编写了这本书。此书以鸟的类别为纲，按照传统分类的方式，猛禽、鸣禽、陆禽、游禽等各种鸟类尽收其中。全书分为六个章节，每个章节都对鸟的尺寸、颜色、身体特征、分布范围、栖息地及行为特征等进行了详细描述。从冰天雪地的南极到无人问津的小岛，从池塘、湖泊到广阔无垠的大海，展现出各种鸟类是怎样生活的。从鸟喙到鸟的羽毛，进行细致入微的描写，让读者小朋友轻松地领略鸟类世界的精彩。那么，接下来，我们就一起来进入神奇的鸟类王国吧！

编著者

2022 年 3 月

目录
CONTENTS

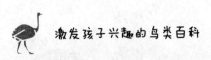

第01章
认识鸟儿：了解鸟儿的习性与特征

　　小朋友们，相信你在生活中经常遇到各种各样的鸟，的确，鸟是一种很常见的动物，那么，你了解过鸟的身体构造吗？你知道鸟为什么能飞翔吗？你知道鸟在树上栖息为什么不会掉下来吗？你知道鸟是怎么筑巢的吗？接下来，带着这些关于鸟的习性与特征的问题，我们一起来看看本章的内容。

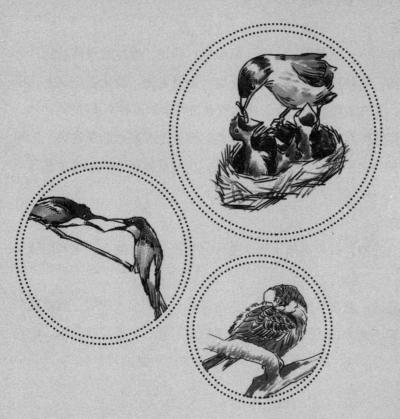

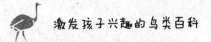

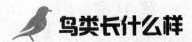 **鸟类长什么样**

生活中，相信不少小朋友都见到过鸟，每天清晨，窗外的鸟就开始叽叽喳喳地叫，上学路上也能看到鸟在自由飞翔，那么，对于鸟，小朋友们是否有全面的了解呢？你观察过鸟的模样吗？

鸟，是一种全身被羽毛覆盖住的卵生脊椎动物，是脊椎动物和温血动物的一类，以肺呼吸，前肢为翅，后肢能行走，大多数能飞。

那么，鸟有哪些特征呢？

形态特征

身体呈流线型（纺锤型），是体温恒定、两足、卵生的脊椎动物，全身被羽毛覆盖，前肢演化成翼，有喙无齿。胸肌发达，消化系统强大，呼吸系统靠肺，且有由肺壁凸出而形成的气囊来帮助肺进行双重呼吸。

卵生，体温较高，通常为42℃。鸟类的胸骨上有发达的龙骨突。鸟的体型有很多种，大小不一，有很小的蜂鸟，也有身体庞大的鸵鸟（鸵鸟不会飞）。

身体构造

身体呈流线型，适应飞翔生活，身体分为头、颈、躯干、尾和四肢五部分。

头部小且圆，前端具啄食的喙，头两侧各有一圆而大的眼，具眼睑和能活动的瞬膜，起到保护眼球的作用。眼后有耳孔，其外周具耳羽，能收集声波。颈长而灵活，可弥补前肢变成翼后带来的不便。

躯干纺锤形，外廓具流线型，在飞行时能减少阻力。尾部短小，末端生扇形尾羽，飞翔时起舵的作用。前肢退化成翼，翼上着生飞羽，是飞翔器官。

翼和飞羽发达。善于飞翔，后肢为足，足下部覆有鳞片或羽毛。

足通常具四趾（第五趾退化），趾端有爪。一般是三趾向前，拇趾向后。但也有退化成三趾或二趾的，如鸵鸟只有二趾。

鸟类喙和足的形态并不是相同的，因种类不同而异，因此是鸟类分类的重要依据之一。

生活习性

鸟的食物多种多样，包括昆虫、鱼、腐肉、种子、花蜜甚至其他鸟类等，一般情况下，鸟都是白天活动，不过也有一些鸟是夜间或者黄昏的时候活动，这类鸟中最典型的就是猫头鹰。还有很多鸟会进行很长距离的迁徙来寻找最佳栖息地，最典型的就是候鸟，例如，北极燕鸥。也有一些鸟大部分时间都在海上度过，如信天翁。

大多数鸟类都会飞行，少数平胸类鸟不会飞，特别是生活在岛上的鸟，基本上失去了飞行的能力。不能飞的鸟包括企鹅、鸵鸟、几维（一种新西兰产的无翼鸟）及渡渡鸟（已经灭绝）。当人类或其他哺乳动物侵入它们的栖息地时，这些不能飞的鸟类将更容易遭受灭绝，例如：海雀、恐鸟等。

大多数鸟类是杂食的，对食物并不挑剔。一到秋冬季节，就有很多鸟类成群结队在天空中飞行，它们要赶着更换栖息地，这种现象就是鸟类迁徙。到了回春时，鸟类就开始进行求爱、生殖、营巢、孵卵和育雏等一连串的活动。

鸟的羽毛

羽毛分为正羽、绒羽和毛羽三种类型。正羽的羽枝两侧密生羽小枝，羽小枝上生有钩或槽，前后相邻的羽小枝相互钩连，组成扁平而有弹性的羽片。体表的正羽，形成一层防风外壳，并使鸟体呈流线型轮廓。翼及尾上的正羽，对飞翔及平衡起决定作用。绒羽的结构特点是羽轴纤弱，羽小枝的钩状突起不发达，因而不能构成坚实的羽片，有保温作用。鸭绒就是鸭的绒羽，毛羽很细，呈毛发状，杂生在正羽与绒羽之中，在拔去正羽和绒羽之后才能见到。

鸟的皮肤

鸟类的皮肤无汗腺，唯一的皮脂腺是尾部的尾脂腺，其分泌的油质，经过喙的涂抹，擦在羽上，使羽片润泽不为水湿。尾脂腺的分泌物，还含有麦角固醇，这种物质在紫外线的照射下，能转变为维生素D。当鸟用喙涂擦羽毛时，维生素D可被皮肤吸收，有利于骨骼的生长。

鸟的数量和种类

　　小朋友们，也许你经常在生活中见到各种各样的鸟，如麻雀、鹦鹉、大雁等，其实，鸟的种类和数量远不止这么多。那么，全世界有多少种鸟呢？我国又有哪些鸟呢？

　　全世界现存的鸟类已知有9000多种，根据鸟的形态和结构特征可分为2个亚纲：古鸟亚纲和今鸟亚纲。古鸟亚纲的种类早已灭绝，只有化石标本，称为始祖鸟，是从爬行类进化到鸟类的中间类型。今鸟亚纲，又称新鸟亚纲，可分为齿颌总目、平胸总目、企鹅总目和突胸总目共4个总目，除齿颌总目（如黄昏鸟）为中生代的早期鸟类外，其余3个总目包括现存所有鸟类。

　　我们可以再将鸟类细化为以下几种：

1.凌波仙子——游禽

　　游禽最重要的特征就是善于潜水、在水中觅食，它们也会飞翔，但行走能力不佳。

　　目前了解到的游禽种类大概有70多种，在我国，游禽主要集中在洪湖、沉湖、龙感湖、梁子湖等江汉湖群，为冬候鸟，著名的"洪湖野鸭和大雁"就属于这一类群。

2.湿地之神——涉禽

湿地是地球上最富饶的自然环境，湿地中有鱼、虾、蛙、水生昆虫、软体动物、甲壳类等动物，为涉禽提供了丰富的食物，而那些茂盛的水生植物，又为涉禽提供了良好的隐蔽场所。

涉禽大多数具有嘴长、颈长、腿长的特点。水域生态环境比较适合涉禽的生息，近几年来，涉禽的数量大幅增长，分布越来越广，常见有鹭科鸟类。

3.空中雄鹰——猛禽

猛禽的嘴尖锐弯曲、爪子锋利无比、眼睛敏锐、翅膀孔武有力，能在悄无声息的情况下迅速起飞和降落，且能准确无误地捕捉猎物。目前已被认识和了解的猛禽有51种，著名的有金雕、白尾海雕、红隼等。

4.攀援冠军——攀禽

攀禽的攀援本领名不虚传，它们有着强健的脚趾和紧韧的尾羽，因此能将身体牢牢贴在树干上。攀禽中食虫益鸟比较多，如啄木鸟、杜鹃、夜鹰等。

5.竞走健将——陆禽

陆禽的腿脚健壮，具有适于掘土挖食的钝爪，体格壮实，嘴坚硬，翅短而圆，不善远飞。雌雄羽毛有明显差别，一般雄鸟比较艳丽。繁殖期常一雄多雌，雄鸟间有激烈的争偶行为，并有复杂的求偶表现。如白冠长尾雉、红腹锦鸡、白颈长尾雉等。陆禽分鹑鸡和鸠鸽二类。

6.无冕歌王——鸣禽

在鸟类王国中，鸣禽是种类极为丰富和色彩多样的一大类，且种类数量最多，绝大多数以昆虫为食，是农林害虫的天敌，著名的有百灵、画眉、绣眼、红蓝点额等。鸣禽体态轻盈、羽毛鲜艳、歌声婉转，多可欣赏。

我国鸟的种类

全世界现存鸟类约有156个科，9000余种。我国就有81个科（占51.9%），1186种（占世界鸟类总数的13%）。其中，我国雉科的野生种（各种野鸡）有56种，约占世界雉科的20%；全世界共有鹤15种，我国就有8种，约占世界总数的53%；全世界画眉科共有46种，我国有34种，约占世界总数的74%。

我国不仅有多种鸟类，还有许多珍贵的特产种类。例如，羽毛绚丽的鸳鸯、相思鸟，产于山西、河北的褐马鸡，甘肃、四川的蓝马鸡，西南的锦鸡，中国台湾的黑长尾雉和蓝腹鹇，产于我国中部的长尾雉，东南部的白颈长尾雉，还有黄腹角雉和绿尾虹雉等。有不少鸟类，虽不是我国特产，但主要产于我国境内，如丹顶鹤和黑颈鹤等。

1. 东北区

产潜鸟、松鸡、旋木雀、岩鹨、鹪鹩、太平鸟等，其中，松鸡科的种类经济价值最大。山鹑、雉鸡也很繁盛，同时是许多种候鸟的栖息地。

2. 华北区

产褐马鸡、长尾雉、石鸡等。扁嘴海雀在东部沿海地区繁殖。还有广泛分布在古北界的一些种类，如岩鹨、旋木雀、鹪鹩、山鸦、交嘴雀等。有不少南方鸟类夏季迁来营巢育雏，如水雉、山椒鸟、卷尾、黄鹂、绣眼鸟等。

3. 蒙新区

本区所产鸟类适应沙漠生活，主要有大鸨、毛腿沙鸡、沙百灵、沙

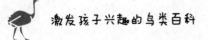

鹏、沙雀等。丹顶鹤在本区东部的沼泽地带繁殖。

4.青藏区

本区产有雪鸡、雪鹑、高原山鹑、藏雀、高山地雀，秃鹫等高山型种类，以及西藏毛腿沙鸡、沙百灵、雪雀等高原草原种类。雪雀在鼠兔的洞穴栖息，正如蒙新区的沙鹏与黄鼠"鸟鼠同穴"一样，是一种特殊的适应现象。

5.西南区

在本区内，画眉亚科和雉科在种类和数量上都占优势，并有许多特产种类。也有不少北方鸟类沿着横断山脉进入本区，如戴菊、旋木雀、岩鹨、长尾雀等。南方鸟类见于本区的还有鹛、太阳鸟、啄花鸟等。

6.华中区

本区有产于北方的种类，如灰喜鹊、白头鹎及攀雀等。南方种类更多，如须䴓、山椒鸟、画眉、啄花鸟等科中的许多属和种。特产种类有金鸡、黄腹角雉、红腹角雉、小隼、白颈长尾雉等。

7.华南区

本区鸟类非常丰富。除与华中区共有许多著名的科以外，还有鹦鹉、草鸮、犀鸟、咬鹃、阔嘴鸟、八色鸫、和平鸟和太阳鸟科的大部分种类。另外，有其他科的热带种类，如原鸡、绿孔雀、缝叶莺等。中国台湾产有一些特有种，如蓝鹇、火冠戴菊等。鲣鸟在西沙群岛集群繁殖。

飞翔的奥秘

几乎所有的"鸟类"都可以在天空自由飞行，可是说起"鸟类的飞行"，方式就多种多样了：既有巧妙地利用上升气流在空中滑翔的老鹰，又有为了汲取花蜜在空中悬停的蜂鸟。那么，鸟类的飞行方式为何会如此多种多样？学会质疑，小朋友们也应该有这种求知的精神，现在就让我们从鸟类特有的身体结构，以及如何巧妙地利用它们的翅膀来飞行等角度，揭开鸟类飞行的秘密吧！

鸟类飞翔的秘密

第一，鸟类的身体外面被一层温暖、轻薄的羽毛覆盖，羽毛不仅能让鸟类在冬天免于受冻，还能让鸟类身体呈流线型，这样鸟儿在空气中飞行时受到的阻力就最小，有利于飞翔。飞行时，两只翅膀不断上下扇动，鼓动气流，就会发生巨大的下压抵抗力，使鸟体快速向前飞行。

第二，鸟类的骨骼坚薄而轻，鸟类的骨头是空心的，如果解剖鸟的身体骨骼还可以发现，鸟的头骨是一个完整的骨片，身体各部位的骨椎也会相互愈合在一起，肋骨上有钩状突起，互相钩接，形成强固的胸廓。鸟类骨骼的这些独特结构，还能减轻重量，提升飞翔的能力。

另外，在鸟类身体中，骨骼、消化、排泄、生殖等各器官机能的构造，都趋向于往减轻体重、增强飞翔能力的方向发展，使鸟能克服地球引力而展翅高飞。

第三，鸟类小脑发达，这能让它们在飞行时保持身体平衡。与其他哺乳类动物相比，鸟类小脑发达，但是大脑皮层不发达，这与鸟类飞翔运动的协调和平衡相关。鸟类的中脑在背部构成一对发达的视叶。鸟类拥有非常发达的视觉器官，有些能在疾飞中捕食，其眼部的睫状肌可以迅速调节视力，聚焦目标。此外，鸟眼也有着发达的瞬膜，能在它们使用眼睛飞行、捕食时不影响视线，尤其在高空飞行时，还能够防止风沙对眼球的伤害。

第四，消化排出能力强。鸟类的食量大、消化能力强、直肠短，未经消化的食物残渣很快就能随粪便排出。

除此之外，鸟类飞行时往往需要消耗大量的能量。细胞利用氧，将有机物分解成二氧化碳和水，并将储存在有机物中的能量释放出来，供给生命活动的需要。而高空中稀薄的氧气含量，对于鸟类的呼吸系统提出了更高的配置要求。

第五，鸟的呼吸作用旺盛，在胸腔中具有9个与肺相通的气囊。气囊只有贮存气体的功能，而没有气体交换的功能。当鸟类吸气时，气囊扩张，大量的新鲜空气直接通过支气管进入气囊。同时，还有部分气体进入肺部的毛细支气管，并与血液进行气体交换。呼气时，气囊缩小，其中贮存的新鲜空气进入肺中的毛细支气管，与其中的血液再次进行气体交换。这样鸟类在吸气和呼气时，气体两次在肺部均能进行交换，大大提高了气体交换效率，这种极其独特的双重呼吸方式与鸟类飞行生活耗氧量大、生命活动旺盛是相适应的。

第六，鸟类的体温不会随着环境温度的变化而改变，恒定的体温增强了其对环境的适应能力，扩大了鸟类的分布范围。

鸟类的身体呈流线型，体表覆羽，前肢变成翼，骨骼轻、薄、坚固，胸肌发达，有气囊辅助肺呼吸，这些结构使得"天高任鸟飞"成为可能。

鸟类飞行的方法

鸟类之所以可以将身体浮在流动的空气中，秘密就隐藏在它们的翅膀上。观察鸟类翅膀的截面图不难发现，翅膀的截面是前面圆、后面尖的形状。这种形状被称为"流线型"，它的好处就在于可以减小空气流动带来的阻力。

鸟类飞行的方法，大致可以分为两类。一类是"滑翔"，另一类是"振翅飞翔"。现在，我们来探讨一下滑翔飞行的鸟类的身体结构，它们不用拍打翅膀就能乘风前进。

信天翁是滑翔技术最高的鸟类

海鸟中有一种鸟类叫信天翁，它有着细长且顶端尖尖形状的翅膀，这样能减少翅膀顶端所承受的阻力，给翅膀的根部减少负担。信天翁的翅膀细长，翅膀上有很多小小的羽毛和尾羽，左右翅膀加起来的长度可以达到3米。信天翁这种适于滑翔的身体结构，哪怕是无风的天气下，也能水平滑翔40米左右。

世界上的鸟很多，绝大部分都有飞翔能力，但是和信天翁一样有着如此出色的滑翔能力的鸟很少。

另外，信天翁跟陆生鸟还有一点不同，就是信天翁的初级飞羽之间是没有缝隙的。这是因为海风一般吹得很有规律，就没有必要再用翅膀去过滤气流了。

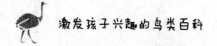

鸟的寿命

任何动物都有寿命，鸟类也是如此，不过在了解鸟的寿命之前，我们要先明白，一个物种的寿命是多少年、寿命的长短是由什么决定的，这都是人们一直在探讨的问题，归纳起来主要有以下几条：

（1）与生长发育期有关。发育期越短，寿命就越短。体型小，发育就比较快。

（2）与心率的快慢有关。心率越快，寿命就越短。体型小，运动量大，心率必然快。

（3）与体细胞代谢快慢有关。体细胞代谢越快，寿命越短。发育期短，生育率高，运动量大，都会加快细胞代谢速度。

（4）与体型大小有关。体型越大，发育期越长，尤其是不能飞的大鸟寿命一般都很长。

其实这几个问题是相关的，动物的心脏跳动是有一定次数的，体细胞代谢也有一定的次数。当两个指标达到极限，身体的机能老化到无法维持生命的状态，生命也就终结了。

鸟类的寿命是多少年？

这要根据不同鸟的种类而言，不同种类的鸟从幼鸟到成熟的时间也不同，如雀形目的鸟类，达到性成熟需要1年左右，雨燕、鹭类、雁类性成熟需2～3年，鸥类性成熟期要3年以上，多数海鸟类性成熟期要4年以上，鹰类性成熟要4～5年，大型雕类、鹤类、大型鹦鹉性成熟需7年以上，鸵鸟、鸸鹱等大型鸟类性成熟要8～9年以上，信天翁性成熟最晚要10年。

发育期在鸟类的生命中占据了1/6到1/8，也就是说，我们可以用性成熟的发育期乘以6~8的数值来估计寿命。哺乳类鸟类的寿命，基本在这个范围之内。

体型越小，发育得越快，繁殖率越高，自然寿命就越短；体型越大，发育期越长，生育率越低，寿命越长。之所以有这样的规律，也是由物种的基因决定的。

小型的鸟类在进化的过程中，它们的祖先选择了"身材"娇小的躯体，身体小就必须提升繁殖力，因为它们的寿命短，要想繁衍下去，就必须不断繁殖。

小型鸟体温容易散失，只能加快心率，加快代谢速度维持体温。蜂鸟在悬停飞行时心率达到每分钟1000多次，但是到了晚上就进入休眠状态了，心率只有每分钟90次。这是其他小型鸟类没有的功能。

小体型鸟类面对众多的天敌、长途迁徙、恶劣的天气造成高死亡率，则用高生育率去应对。这一进化策略维持了种群数量的平衡。小体型鸟发育快、生殖率高，是以缩短寿命为代价的。

大型鸟类的祖先在进化的过程中选择大体型去对抗天敌、长途迁徙、恶劣天气等不利因素，它们往往越强壮，死亡率越低，但发育期变长，生育率会降低。金雕、海雕是大型食肉鸟，它们的幼鸟成长期很长，需要大量的食物，它们每年只能养活一只幼鸟。由于没有天敌，幼鸟的成活率高，仍可以保持物种平衡。而大型植食性鸟类，由于不会飞，幼鸟死亡率高，如鸵鸟、食火鸟、鸸鹋等则以高生育率应对，保持种群数量。

鸟类不断地振翅飞行，是一种高强度的运动，尤其是候鸟每年迁徙，少则上千千米，多则上万千米。高强度运动，心率必然加快，体细胞的代谢速度也必然加快。

迁徙性小型鸟类，寿命只有7～8年。雀形目留鸟寿命为8～10年。鸡形目中型鸟、隼类寿命为10～15年，雁类、鸥类寿命是15～20年，小型鸥类、鹰类寿命20～25年，大型鸥类、鸮类25～30年。大鸨、天鹅类30～35年。鸵鸟、鹳类、鹤类、雕类寿命达到50～60年。信天翁、大型鹦鹉寿命可有60～70年。

留鸟的运动量比候鸟小很多，心率慢，体细胞代谢速度也慢。同体型的鸟类，留鸟比候鸟要长寿。

麻雀的寿命通常只有2～3年，小型鸟类中，鹦鹉寿命最长，可达40年，其余的大多不超过5年。其他大型鸟类的寿命较长，例如：鹰、丹顶鹤。

在鸟类世界里，鹰是一个科的总称，分有许多不同的种类。它有一双锐利的眼睛，可以看见数千米甚至更远距离的猎物。鹰是寿命最长的鸟类之一，可达70岁。

丹顶鹤是鹤类中的一种，因头顶有"红肉冠"而得名，是东亚地区所特有的鸟种，因体态优雅、颜色分明，在这一地区的文化中象征吉祥、忠贞、长寿，在我国是国家一级保护动物。丹顶鹤2岁性成熟，寿命为50～60年。

以上的鸟类寿命，是在生存条件很好，不发生意外情况下的生理年龄，并非各种鸟类的平均生存年龄。实际上，因恶劣天气、食物短缺、天敌捕杀、受伤生病，幼鸟的死亡率超过50%，加上老弱病残鸟的死亡率，其平均寿命仅能维持种群数量平衡。鸟类的平均寿命不足生理寿命的一半。如果在鸟类生存困难的时候，为鸟类提供食物或救助，有利于延长鸟类的寿命。

鸟类是怎么睡觉的

小朋友们，相信你经常看到鸟类在飞翔或者栖息在树上，其实，鸟和我们人类一样，也是需要睡觉和休息的。那么，鸟类是怎么睡觉的呢？

鸟类的睡眠特征

有节奏地睁眼，是鸟类睡觉的特征。

鸟类的睡眠时间

鸟类的睡眠，在时间上有着令人惊异的差别。大多数鸟1天大约睡8小时，有些鸟可能要睡20个小时，也有一些鸟，似乎根本不需要睡觉，斑头秋沙鸭每天要睡十三四个小时，而鸥椋鸟每天安排给自己睡觉的时间还不足1小时。雨燕、家燕、乌燕鸥和我们常见的一些广布性的机警的鸟，好像一点也不需要睡觉，当然，也许它们在飞行中睡了觉。即便是同一种鸟，它所需要的睡眠时间也会根据其身体状况来进行调整。

通常来说，几乎所有的鸟类到了繁殖季节所花费的睡眠时间都会减少，因为它们需要觅食、求偶，科研人员观察过人工半散放驯养的丹顶鹤、白枕鹤、白鹳、大天鹅等鸟，如果将它们关在笼子里，在非繁殖季节，它们几乎用整个白天的时间睡觉，但是将它们放回到野生环境中，或4~6月繁殖期，即使关在笼舍里，白天的睡眠时间也不足2小时。

正常的情况下，鸟类天黑即眠，天明即起，但是大多数迁途鸟类则是白天停留觅食，夜间飞翔，人们看见群雁的飞行一般都在黄昏或晨曦，迁徙中的候鸟只能在白天觅食间隙中睡眠。

睡眠姿势

各种鸟不仅睡眠的时间不同，睡觉的姿势也有区别。大多数鸟喜欢卧着睡觉，但有一些鸟喜欢用一只脚或两只脚站立着睡觉。反嘴鹬、针尾鸭、绿头鸭和另一些鸟睡觉时把嘴插在温暖的肩羽下，白鹳、鸬鹚及许多猛禽的睡觉姿势是把嘴放在背上或将头垂在胸羽里，而鸵鸟和另外几种鸟睡觉时是伸着脖子，并把头放在地上。但上述姿势的出现，并不一定表示鸟在睡觉。例如，银鸥在繁殖初期的领土争夺时，会突然停止飞行并摆出睡觉的姿势，然而它们并不是真睡，它们眼睛睁得大大的，试探着对方的来意或者是在威胁着对方。

许多动物在睡觉时是把眼睛闭上的，但鸟类很少有闭眼超过几秒钟的。我们观察那些打盹的鸟儿就会发现，它们在有节奏地睁开眼睛。这种有节奏的睁眼，是鸟类睡觉的特征。当我们快速地向在打瞌睡的鸽子走近时，它会在有节奏的睁眼中发现人的接近，并且马上飞开。因此可知，鸟类睡眠时短暂地睁眼，实际是在进行"窥视"，这是鸟类睡眠时的安全防卫手段。

在不同的环境下，鸟类睡眠中睁眼窥视的频率是不同的。如野鸭，在它们认为安全的环境中睡眠时，平均每分钟窥视10次。如果附近有一只狗或一只猫，这个频率会加大到每分钟20次；如果狗或猫在向它们走近，那么它们睁眼窥视的频率可能达到每分钟35次；如果离它们很近了，那么它们就不再闭眼，而是睁大眼睛凝视了。

集群的鸟要比那些孤独生活或以家族为单位生活的鸟睁眼窥视的频率低得多，在比较安全的地带（如湖泊里），睡眠的鸟睁眼窥视的频率也低得多。

此外，雌鸟的窥视频率要比雄鸟低。当群体中雄鸟增加时，雌鸟就会降低它们的窥视频率，而雄鸟则要进一步提高警惕性。要是你接近正在睡眠的一群鸟，发现你的第一只鸟往往是一只雄鸟，它发出惊叫来唤醒其他鸟一同飞去。

为什么雄鸟比雌鸟睁眼窥视的频率高呢？这里有两方面的原因：一是在繁殖季节，为了防止其他雄鸟的竞争；二是在交配季节，雄鸟所特有的鲜明体羽，使它处在更危险的位置，这使它不得不处于特别的警戒状态。

鸟类栖息在树上为什么不会掉下来

可能一些小朋友会产生疑问，栖息在树上的鸟类，它们都能用爪子抓紧树枝睡觉，但鸟也和人类一样，睡眠时全身肌肉放松，那么它们为什么不会摔下来呢？

原来，奥妙就在鸟的脚上。树栖鸟类的脚，有一个锁扣机关，长有屈肌和筋腱，非常适合抓住树枝。当鸟全身放松蹲下睡觉时，它能用身体的重压使脚趾自动紧握住树枝。当鸟儿睡醒后站立起来时，它腿上的肌腱又会重新舒展开。

同时，鸟类为了适应环境的需要，在长期的飞翔生活中练就了一套高超的平衡本领，这也是它在睡眠时不会从树上摔下来的原因。

此外，由于鸟的脑比爬行动物的脑更为发达，虽然它的大脑半球没有

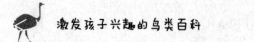

沟和回，但是比爬行动物却大了不少。鸟的小脑蚓部最为发达，视叶也很大，这不仅能适应飞翔的生活，同时对调节运动和视觉，更好地保持平衡起着重要作用。这是它保持稳定而不摔下来的又一个原因。

鸟类的迁徙

　　引起鸟类迁徙的原因很复杂，一般都认为这是鸟类的一种本能，这种本能不仅有遗传和生理方面的因素，也是对外界生活条件长期适应的结果，与气候、食物等生活条件的变化有着密切的关系。候鸟对于气候的变化感觉很灵敏，只要气候一发生变化，它们就纷纷开始迁飞。这样，可以避免北方冬季的严寒以及南方夏季的酷暑。气候的变化，还直接影响到鸟类的食物条件。例如，入秋以后，我国北方大多数植物纷纷落叶、枯萎，昆虫陆续钻入地下入蜇或产卵后死亡，数量锐减。食物的匮乏导致以昆虫为食的小型鸟类不能维持生活，只有迁徙到食物丰盛的南方，才能很好地度过冬天，而以昆虫和小型食虫鸟为猎捕对象的鸟类也随之南迁。

　　天气的好坏、风向、风力的大小等均对鸟类的迁徙有较大的影响，较为适宜的是晴朗的天气，并有风力为3～5级的顺风。但春季迁徙的一部分鸟类，有时由于繁殖期的临近而急于赶到繁殖地，因此即使在十分不利的气候条件下，也会克服困难，继续迁飞。

　　更令人称奇的是，鸟群在迁徙时竟然能够飞行得十分协调，时而向左，时而旋转，时而如万马腾空跳跃，蔚为壮观。这种现象自从古罗马博物学家皮里尼首次对大雁等鸟类进行观察记录以来，已经被人们研究和探索了20个世纪，但至今仍众说纷纭，莫衷一是。目前趋向于三种解释：一是"节能"说，根据"空气动力学"或"跑道"原理，鸟类在作"V"字形飞行时，把翅膀放在其他鸟类飞行时所产生的气流之上，就可以节约大约

70％的能量，这对于躯体比较笨重的大雁类来说是至关重要的；二是"信息"说，在鸟类群飞时，常有一只或几只有经验的领头鸟带路，领头鸟可以为鸟群提供食源、水源等可靠信息；三是"安全"说，认为大群鸟类集合在一起的时候，要比单独一只或仅有数只鸟的情况更容易发现敌害，因为在鸟群飞行或栖息时，只要其中有一只鸟发现敌害，它就会很快将这个信息以一传十、十传百的方式传递给所有的鸟，鸟群就会立即采取应急的对策，或者迅速逃跑，或者一起鸣叫，将敌害吓退。

鸟类似乎有一种"返巢本性"，这种本能来源于它们对出生地的眷恋，这种本能帮助鸟类在第二年繁殖季节，顺利地返回旧巢。

曾有人捕获了一只雕鸮，在圈养13年之后，此人将它放回大自然，谁知，最后竟然在离它出生地不到2千米的地方再次发现了它。鸟类为什么有着千里识途的本领，一直是让人类感到迷惑的问题之一。它们靠什么来找到回家的路呢？是北极星吗？风、气候还是自身拥有人类现代才发明的"导航"系统？这始终是自然界中一个使人百思不得其解的谜。

后来，科学家借助雷达、飞行跟踪器以及环志等技术测量到，鸟类在飞行时，往往主要依靠视觉，通过天空中日月星辰的位置来确定飞行方向；鸟类飞行还有一些其他的判断依据，如地形、河流、雷暴、磁场、偏振光、紫外线等；最近的研究还表明，鸟嘴的皮层上有能够辨别磁场的神经细胞，被称为松果体，就像脊椎动物对光的感觉器官一样起着重要作用。科学家曾对哺乳动物和信鸽进行了多次电磁生理学实验，结果表明，部分松果体细胞能对磁场强弱的微小变化作出反应。

一般认为，在白昼迁徙的鸟类是根据太阳来定位的，夜间迁徙的鸟类是根据星空定位的。另一种观点认为，鸟类拥有适应于空中观察的敏锐视力。

鸟类的迁徙绝非轻易之举。通常飞越一个宽阔的海面和高大的山脉后，其体重会减轻一半，大批当年出生的幼鸟在迁徙途中或到达迁徙终点后都难逃夭折的命运。在迁徙的途中来不及觅食、骤起的风暴、浩瀚的水域等，无时无刻不在吞噬着这些生灵。同时迁徙时间的早晚也蕴藏着危机，太早意味着北方的生活环境还被冰雪覆盖，过晚则会有遭遇暴风雨的危险，而且还有无数人为的干扰：高大建筑物、无线电天线、灯塔与烟囱、与飞机相撞等，都潜伏在鸟类漫长的迁徙途中。

鸟类是如何筑巢安家和孕育后代的

生活中的小朋友们，我们每个人都需要一个家，其实鸟类也是如此，大多数鸟类在繁殖季节，会选用植物纤维、树枝、树叶、杂草、泥土、兽毛或鸟羽等物，筑成一个小窝。这就是筑巢的过程，鸟儿繁殖需要产卵，那么这些需要呵护的卵要放在哪儿呢？自然是巢里了！

巢具有一定减缓热量散失的保温作用，有利于幼雏生长发育。筑巢是鸟类繁殖成功的重要一环。筑巢地点因种而异，有的鸟巢筑在隐蔽处，并加以伪装；有的筑在悬崖绝壁上；有的筑在高大树梢细枝杈间；也有的筑在地面、水面、洞穴或建筑物内。多数鸟类筑巢工作由雌鸟承担，也有雌雄鸟协作筑巢的。筑巢行为的活动过程，有助于刺激生理性活动，从而使体内的卵细胞迅速成熟并排出，使繁殖行为不至于中断。

但是，也有孵卵不筑巢的鸟类，如海雀、王企鹅等；也有的鸟既不筑巢也不孵卵，如杜鹃。

那么，鸟类是怎样筑巢安家，又是怎样孕育后代的呢？接下来让我们一起来看看。

筑巢安家

有些鸟儿是夫妻共同筑巢的，其中最为典型的就是中华攀雀，雄鸟会先筑巢，然后去吸引雌鸟，雌鸟接纳了雄鸟以后，就会完成接下来的另外一半。

一般来说，它们会将巢穴安在两根细树枝之间，与一般的鸟巢不同，它们的鸟巢"规格"更高，只有细软的纤维。

也有一些鸟儿，它们通常是雄鸟先独自筑巢，然后吸引雌鸟，最典型的是黑头织布鸟。黑头织布鸟的雄鸟会用青草编织椭圆形的巢，但如果雌鸟不喜欢它的"作品"，它会将巢拆除重做来讨雌鸟欢心。它们的巢的门是朝下的。

不过，也有在树干上筑巢的，最典型的就是啄木鸟了，一般它们的巢会选在心材已腐朽的阔叶树树干上，有时也选在粗的侧枝上，由雌雄共同凿成，巢内无任何内垫物，仅有少许木屑。

有一些鸟儿还喜欢在水边的芦苇丛中筑巢，如黑水鸡，它们喜欢将巢建成碗状，它们巢的主要材料就是芦苇和草，它们先将芦苇折弯，然后将芦苇贴着水面，这是巢基部分，最后在上面用枯草堆集而成。

当然有些鸟儿是不筑巢的，它们会抢别人的巢来放自己的宝宝。如杜鹃，托卵寄生性杜鹃将自己的蛋产在别的鸟类的巢里，让别的鸟孵化自己的宝宝。

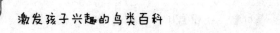

　　看到那些巧夺天工的巢，你是不是会对鸟儿的能力感到惊讶？其实这都是它们坚持不懈，认真劳作的结果。

孕育后代

　　鸟类的交配好似耍杂技。为了达到目的，雄鸟一边保持平衡一边爬上雌鸟的背，它们一起拍打双翅，使身体在几秒钟之内保持稳定的姿势，雌鸟尾巴翘起，雄鸟尾巴向下。这种不方便的交配时间很短，常常中断，不得不从头再来，有时要反复二十多次才能成功。鸟类交配通常在鸟巢边或鸟巢附近进行，也有个别例外，如雨燕是在空中交配的。

鸟类如何向异性表达"爱意"

小朋友们，相信你也知道，人类有求偶、繁殖后代的本能，其实鸟类也有，一到春天，它们也感受到了春天的气息，纷纷使出它们各自的求偶"绝招"向异性表达"爱意"。它们甜蜜地演绎着春天浪漫的爱情故事。无论是精湛的舞技还是美丽的羽毛，为了吸引雌鸟，雄鸟总是得付出更多努力。

在动物界，鸟类拥有最为复杂的求偶行为。

鸟类的求偶行为之所以复杂是有原因的：大多数雄鸟必须努力引起雌鸟的注意，无论是通过精彩的舞步还是美丽的羽毛。"求偶行为的复杂程度与鸟类面临的极端性选择压力密切相关。"美国奥杜邦学会的群落保护主管John Rowden说道。

雌鸟会根据吸引它的雄鸟的求偶行为选择伴侣，以此确保吸引它的雄性特征能够遗传给自己的孩子。

特定的求偶行为可经遗传而得，但熟能生巧是亘古不变的真理。对此，鸟类专家说："的确，某些鸟类无须学习或经受培训就能做出求偶行为，不过如果与雌鸟进行更多的互动，依据雌鸟的反馈，雄鸟能做得更好。"无论如何，雄鸟的求偶行为一定能引起人类的注意。

下面是常见的几种鸟的求偶方式。

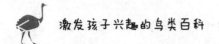

1.鸵鸟

鸵鸟的求偶行为非常有趣。雄鸟会将雌鸟带到比较偏僻的地方，然后跪下，一边拍动翅膀，一边将自己长长的脖子扭成螺旋状，并把头与颈放低至背上。当拍动左翼时，头与颈就倒向左边；当拍动右翼时，头与颈就倒向右边。这时，雌鸟会垂下头，一边拍动双翼，一边开口闭口以应合。

鸵鸟为一夫多妻制。一般一只雄鸟可以和两只雌鸟交配，第一只雌鸟会允许第二只雌鸟在自己的窝里产卵，但只要第二只雌鸟产卵结束，就会被赶走。

2.天堂鸟

天堂鸟多生活在新几内亚，它们有着出众的"相貌"，而且雄鸟求偶时还十分特别——它们会为雌鸟跳高难度的"求偶舞"。跳舞时，它们的身体基本呈倒立姿势，这样能将它们漂亮的丝状尾羽完全展示出来，两翅背对并拢，简直就像是双杠的体操表演。

这样特殊的求偶方式不只发生在天堂鸟身上，南美洲的红帽侏儒鸟也是大同小异，几只雄鸟会一字排开站在雌鸟面前，逐一挥动双翅，轮流做腾空后跃的特技表演。最后，往往是雌鸟早就选定的雄鸟胜出。

3.园丁鸟

热带森林中的园丁鸟，求偶行为更是精彩。在求偶前，雄鸟会提前布置好所需要的"场景"，然后开始表演，它会一边唱歌，一边将其美丽的羽毛展示出来，而在雄鸟和雌鸟交配后，雌鸟就会离开一开始求偶的地方，另外再找个地方产卵，雌鸟担负孵卵及育幼等工作。

有些种类的园丁鸟，因为雄鸟的羽毛不甚鲜艳，甚至会设法寻找颜色美丽的东西，以此来装点求偶场所，它们尤其喜欢找来一些蓝色的东西进行点缀，借此吸引雌鸟。

4.丹顶鹤

大多数鹤类在求偶时，会由雄鹤先开始跳舞，它们引颈耸翅，发出"咯、咯"的声音，如果雌鹤选中它，便用同样的舞姿来回应，也同样发出"咯、咯"的声音，然后双方载歌载舞，你来我往，展现优美的舞姿，堪称动物界天才舞蹈家。丹顶鹤实行严格的"一夫一妻制"，一旦婚配成对，就会忠贞不渝，偕老至终。

5.雁

雄雁在找到自己心仪的异性时，会在这只雌雁面前使出浑身解数来展现自己的魅力，一开始，它会倒竖羽毛，很神气地在雌雁面前走来走去。接着，雄雁还会在近距离飞上飞下，向雌雁展示它的飞行本事。此种倒竖羽毛与近距离的飞行十分消耗体力，若不是为了赢得"美人"芳心，它是不会做出这么大"牺牲"的。

有时，雄雁甚至会冒险地选择攻击行为，故意在意中人面前攻击岸边

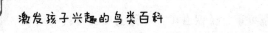

的人类，然后飞到雌雁面前鸣叫，夸耀自己英勇的行为。雄雁辛苦连续表演几天之后，雌雁才会有反应，跟着雄雁鸣叫，表示以身相许。雁性忠贞，一旦结为夫妻，终身厮守。

6.黄鹂

黄鹂喜欢在林间相互追逐并唱对歌来追求雌鸟，雌鸟在前面绕着树木飞行，而雄鸟则紧随其后飞行，双方嬉笑打闹，在嬉戏一段时间后，雌鸟会找一个树枝停歇，而雄鸟则找不远处的另外一个树枝栖息，然后十分"绅士"地同雌鸟对歌。雌鸟每唱几句，雄鸟必和几声，鸣声清脆，音韵和谐，颇为入耳。在一唱一和之后，雄鸟会向雌鸟献上自己珍藏或者寻找来的美味，以此作为求偶礼物，如果雌鸟接受，则会收下这份礼物，表明求爱成功。

黄鹂一旦成对，马上占领地盘，在此安家落户、孕育子女。

总之，我们可以将雄鸟求偶的方式总结为以下几点：

（1）给雌鸟反刍食物。

（2）筑巢显现出雄性鸟的可靠、体贴。

（3）两只或以上的雄鸟打斗直至一只胜利的雄鸟出现获得交配权。

（4）展示羽毛，直至雌鸟认为雄鸟的羽毛最好看后雄鸟获得交配权。

（5）用叫声使雌鸟认可。

（6）展示自己身体的强壮。

鸟是人类的好朋友

小朋友，每天早晨，当你醒来睁开双眼时，窗外的鸟儿是不是已经醒了？鸟醒得最早。它在树上一边捉虫，一边歌唱。每当我们听到鸟的歌声，便会想起孟浩然的"春眠不觉晓，处处闻啼鸟"的诗句，顿觉神清气爽。鸟是大自然的歌手，是大自然的音乐家，它们给自然界带来了无限的生机，给人类生活增添了无限的乐趣。如果地球上的鸟类灭绝了，大自然便没有了音乐，失去了生机，失去了灵性。

鸟是人类的好朋友。它给予人类的快乐是很多的，甚至无处不在。尽管它付出了许多，可还是有人伤害它。

鸟儿帮助我们消灭了许多害虫。一只啄木鸟一天可食森林害虫3000多只；一只家燕一年能吃掉30000多只害虫，有些能高达50万～100万只；一只雨燕一天能灭蚊子、苍蝇、蚜虫600多只；一只灰喜鹊一年能吃掉松毛虫15000多条。一只杜鹃一年能吃掉50000多条松毛虫。大山雀号称"果园的卫士"，一只大山雀一天捕食的害虫相当于自己的体重，它们既像医生给植物看病，又像卫士保护着植物。大家都知道，猫头鹰是"捕鼠能手"，一只猫头鹰一个夏季可捕食1000只田鼠，从鼠口夺回1吨粮食。所以，我们应该爱护鸟类。

鸟类还是环境保护的检测员。许多鸟类对有毒气体十分敏感，当这些气体超过正常浓度时，它们便会出现不适的症状，离开这里。

鸟类是绿化环境的播种能手。有些鸟类把无法消化的果中坚硬的种子

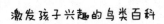

随粪排出后，种子遇到适宜的条件便可发芽、生根、成长。我国南方山地、旧院墙和古建筑物顶上生长的榕树，就是鸟类的功绩。

鸟类是监测大气污染的飞行哨兵。鸟类对环境污染特别敏感，一些国家已经开始利用鸟类作为监测大气的飞行哨兵。实践证明，凡鸟类离开或不愿去的地方，往往就是环境污染较为严重之处。

因此，鸟类是人类的朋友，我们不应该围捕和食用鸟类。如果没有了鸟类，那么树木会一棵棵被害虫吃掉，青山绿水会变成一片沙漠，人类的生存环境也会被破坏。

总之，鸟类是大自然的重要成员，是人类的好朋友。如果鸟类在地球上绝迹，不但大自然失去莺歌燕舞的生机，更重要的是使生态失去平衡，昆虫、小兽就会大量繁殖，森林、草原会被一食而空，地球上的动物以及我们人类就会失去资源、失去食物。

"劝君莫打三春鸟，子在巢中盼母归。"小朋友们，为了不让这些可怕的事情发生，让我们携起手来，共同保护鸟类吧！不掏鸟蛋，不打小

鸟，更不能吃鸟类，小鸟受了伤要保护小鸟，不砍伐树木，不破坏小鸟的美好家园。鸟类是人类的好伙伴、好朋友，我们应当时时刻刻、随时随地保护鸟类，让鸟儿永远快乐地翱翔。

第02章
空中雄鹰——猛禽

　　猛禽是鸟类王国中一个重要的类群。从人类的角度来看，它们都是益鸟，均在食物链中占据次级以上的位置，是典型的消费者。不过许多猛禽正面临着灭绝的危险，有31种猛禽被列入世界濒危物种红皮书，而我国更是将隼形目和鸮形目中的所有种全部列为国家级保护动物。猛禽是食肉鸟类，一部分食肉的猛禽都有向下弯曲的钩形嘴，十分锐利，也有非常强健的足，除鹫类外大都有非常锋利的爪。它们有良好的视力，可以在很高或很远的地方发现地面上或水中的食物。全世界现有猛禽共432种，其中隼形类有298种，鸮形类有134。那么，猛禽都有哪些呢？具体来说，又有怎样的生活习性呢？带着这些问题，我们一起来看看本章的内容。

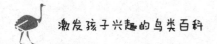

田园守卫者——猫头鹰

猫头鹰属鸮形目，总数超过130余种。在除南极洲以外的所有大洲都有分布。大部分猫头鹰为夜行性肉食性动物。该目鸟类头宽大，嘴短而粗壮，前端成钩状，头部正面的羽毛排列成面盘，部分种类具有耳状羽毛。双目的分布，面盘和耳羽使本目鸟类的头部与猫极其相似，故俗称猫头鹰，别名神猫鹰。

外形特征

猫头鹰的眼周羽毛呈现辐射状，长相与猫相似。它的羽毛大多为褐色，有一些细斑点，飞行时不会发出声音。

雄鸟和雌鸟的体型不同，雌鸟稍大，头大而宽，嘴短，侧扁而强壮，先端钩曲，嘴基没有蜡膜，而且多被硬羽所掩盖。与很多肉食动物一样，猫头鹰的眼睛位于面部的正前方，这足以让它们拥有出色的洞察力，以观察周围的环境捕食。

猫头鹰绝大多数在夜间活动，到早上就开始休息，常栖息于一些树丛、岩穴或屋檐中，很难被人发现。但也有一部分如斑头鸺鹠、纵纹腹小鸮和雕鸮等白天亦不安寂寞，常外出活动；这种本来应该活动于夜间的种类，在白天飞行时就好像喝醉酒一样摇摇晃晃。

猫头鹰的眼睛很大，似乎被固定在了眼窝中，根本无法转动，所以它们需要不停地转动脖子，使脸能转向后方，由于特殊的颈椎结构，头的活动范围为270°。左右耳不对称，左耳道明显比右耳道宽阔，且左耳有发达的耳鼓。大部分还生有一簇耳羽，形成像人一样的耳廓，听觉神经很发达。

生活习性

猫头鹰是现存在全世界分布最广的鸟类之一。除了北极地区以外，世界各地都可以见到猫头鹰的踪影。我国常见的种类有雕鸮、鸺鹠、长耳鸮和短耳鸮。

猫头鹰完全依靠捕捉活的动物为食。猎物的大小视猫头鹰的体型大小而定，小到昆虫，大到兔子都有。眼的四周羽毛呈放射状，形成所谓"面盘"。嘴和爪都弯曲呈钩状。周身羽毛大多为褐色，散缀细斑，稠密而松软，飞行时无声。

猫头鹰的食物以鼠类为主，也吃昆虫、小鸟、蜥蜴、鱼等动物。它们都有吐"食丸"的习性，其嗉囊具有消化能力，食物常常整吞下去，并将食物中不能消化的骨骼、羽毛、毛发、甲壳等残物渣滓集成块状，形成小团经过食道和口腔吐出，叫食丸，也叫唾余。科学家可以根据对食丸的分析，了解它们的食性。

猫头鹰一旦判断出猎物的方位，便会迅速出击。猫头鹰的羽毛非常柔软，翅膀羽毛上有天鹅绒般密生的羽绒，因而猫头鹰飞行时产生的声波频率小于1千赫，而一般哺乳动物的耳朵是感觉不到那么低的频率的。这样无声的出击使猫头鹰的进攻更有"闪电战"的效果。据研究，猫头鹰在扑击猎物时，它的听觉仍起定位作用。它能根据猎物移动时产生的响动，不断调整扑击方向，最后出爪，一举奏效。

猫头鹰是唯一不能分辨颜色的鸟类，它们是色盲，这是因为它们的视网膜中没有锥状细胞，所以它们只能在夜间生活。实际上，很多鸟类都有辨认色彩的能力，如乌鸦，它们从高中飞行降落时，要找到合适的降落点，能看清颜色可以帮助它们做出准确的判断，除此之外，它们还能根据颜色来捕捉虫子以及寻找它们心仪的异性。试想，雄鸟常用艳丽的羽毛吸引异性，如果它们感受不到颜色，那怎么能看到雄鸟的魅力呢？

　　一直以来，在我国民间，似乎对猫头鹰都有很多误解，不过它们捕捉鼠类的本事是被公认的。古书上有这样的记载："北方枭入家以为怪，共恶之；南中昼夜飞鸣，与鸟鹊无异。桂林人罗取生鬻之，家家养使捕鼠，以为胜狸。"猫头鹰主要以黑线姬鼠、黑线仓鼠、大仓鼠、棕色田鼠等农田鼠类和小家鼠、褐家鼠等居民区鼠类为主食，也吃一些小型鸟类、哺乳类和昆虫，如雀类、蝗虫、甲虫、蝙蝠、蝗虫、蝼蛄等。

　　鼠类是臭名昭著的偷粮贼，而猫头鹰是捕鼠能力最强的鸟类，一只猫头鹰每年可以吃掉1000多只老鼠，正因为如此，可以说它们是保护人类粮食的大功臣。

空中飞行高手——游隼

小朋友们，我们都知道，很多鸟类都有俯冲的技能，那么，你知道俯冲速度最快的是哪种鸟吗？它就是游隼。

游隼是一种中型猛禽，主要栖息于山地、丘陵、半荒漠、沼泽与湖泊沿岸地带，也到开阔的农田、耕地和村屯附近活动。分布甚广，几乎遍布于世界各地。

形态特征

游隼体型较大，成年游隼体长足足有38～50厘米，翅膀展开后有95～115厘米，体重647～825克，寿命可达十几年。

游隼头顶和后颈是暗石板蓝灰色到黑色，也有一些游隼的这一部位会点缀有棕色，它们的背部和肩部为灰蓝色，具黑褐色羽干纹和横斑，腰和尾上是稍浅的蓝灰色，黑褐色横斑亦较窄；尾部也是暗暗的蓝灰色，具黑褐色横斑和淡色尖端；翅上覆羽为淡蓝灰色，具黑褐色羽干纹和横斑；飞羽黑褐色，具污白色端斑和微缀棕色斑纹，内翈具灰白色横斑；脸颊部和宽阔而下垂的髭纹为黑褐色。喉和髭纹前后白色，其余下体白色或皮黄白色，上胸和颈侧具细的黑褐色羽干纹，其余下体具黑褐色横斑，翼下覆羽，腋羽和覆腿羽亦为白色，具密集的黑褐色横斑。

幼鸟嘴尖黑色，虹膜暗褐色，眼睑和蜡膜为黄色，嘴为铅蓝灰色，嘴基部是黄色，脚和趾是橙黄色，爪是黄色。上体呈暗褐色或灰褐色，具皮呈黄色或棕色羽缘。下体为淡黄褐色或皮黄白色，具粗著的黑褐色纵纹。

尾蓝灰色，具肉桂色或棕色横斑。

生活习性

游隼有着很强的飞行能力，尤其是它们的俯冲速度，可以说是鸟类中最快的，最快时速可达389千米。

一般来说，当它们翱翔于天空中时，速度并不快，一般是时速100千米，然而当它们从高空俯冲而下时，速度就快了。德国人用电子仪器测量出，游隼从1524米的高空向下俯冲，时速为370~389千米。游隼被称为"俯冲速度最快的鸟"，这一点吸引了不少爱鸟人士的关注。游隼有如此快的俯冲速度，主要得益于以下几点。

第一，是它的眼睛，游隼的眼睑叫干瞬膜，它具有一种很特殊的功能，而且它的眼泪里具有一种特殊的化学物质，格外黏稠，不会很快被蒸发掉。假如游隼在迅速俯冲时，眼睛被异物击中，会很危险，然而有了这一层瞬膜，眼球就不会被伤到。

第二，游隼的鼻子外面长了一个可以吸气的锥体，能预防飞行时负气流通过鼻腔进入体内。正是因为发现了这一点，后来科学家将其应用到早期的喷气飞机中，作用机理与游隼鼻孔上的锥体一致。

第三，游隼尾羽较短，这种生理构造能帮助它们在飞行时减少空气阻力，游隼的呼吸体系能让它的肺脏在时速胜过300千米的高速度中，持续呼吸，生存本能不受一丁点阻碍。

所以说，这只瞅上去小身材的游隼，其实有着特殊的本领，它身体的各部位，都能为它高速俯冲效劳。它是天生的猛禽，空中的速度王者。

游隼凭着厉害的遨游本领，不仅能在半空中捕食，也能从空中俯冲而下，对地上的猎物亮出爪子。游隼主要捕食野鸭、鸥、鸠鸽类、黑鸦和鸡类等中小型鸟类，偶尔也捕食鼠类和野兔等小型哺乳动物。它会在高空中察看，寻找目标，一旦看到猎物，便会从空中俯冲而下。游隼从高空中俯冲而下，抓住猎物，再度飞回高空。这个过程格外快，人眼难以看清它是如何捕猎的，假如慢镜头回放，便能看个清楚。开始俯冲时，游隼会折起双翅，头收缩至肩部，使翅膀上的飞羽和身材的纵轴平行，半途还会微开翅膀，快速接近猎物，而后伸出锋利如匕首的爪子，运用高速俯冲的冲击力猛打猎物的头部或背部，快狠准，一打即中。在游隼靠近猎物中断俯冲的刹时，身材所承受的压力可达25倍重力。

　　游隼是典型的一夫一妻的执行者，它们忠于自己的伴侣，当然，如果其中的一方去世了，则另当别论。成长期为4～6月，雄性游隼通过捕猎吸引雌性游隼的注意，从而觅得"贤妻"。在这段时期，常常能看到游隼出双入对，在空中来往翱翔，并高兴鸣叫。它们会选择一处宁静的场合筑巢，营巢于河谷悬岩，或者悬崖上，为了让未出生的雏鸟宁静长大，游隼夫妇有意识地离开它们的天敌狐狸、狼、熊以及其他一些更大的猛禽。

　　常常，游隼每一窝产卵2～4枚，偶尔有多的达到5～6枚，游隼会轮番

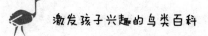

孵卵。在孵卵等待雏鸟出生的这段时间里，游隼活动的范围性极强，会主动地保卫巢。经过28~29天的等待，雏鸟出生。雏鸟在羽毛饱满，振翅离巢之后，并不会赶快摆脱父母，而是跟着父母进修捕猎技能。

游隼在空中遨游的速度，不算特别快，然而它从高空俯冲而下的速度，简直无鸟能及。

高明的伪装者——长耳鸮

生活中的小朋友们，你是否听过长耳鸮这种鸟呢？这种鸟耳羽簇长，位于头顶两侧，竖直如耳。以小鼠、鸟、鱼、蛙和昆虫为食。对于控制鼠害有积极作用，应大力保护，属于国家二级保护动物。

外形特征

这类鸟体型中等，体长33～40厘米。面部看起来很突出，在面盘中间部分有白色和黑褐色杂毛，面部两侧的羽毛则为棕黄色而羽干为白色，羽枝松散，眼内侧和上下缘具黑斑。皱领为白色而羽端缀黑褐色，耳朵周围的羽毛很发达，长约50毫米，位于头顶两侧，显著突出于头上，状如两耳，呈黑褐色，羽基两侧棕色，内翈边缘有一棕白色斑。

生活习性

长耳鸮喜欢栖息于针叶林、针阔混交林和阔叶林等各种类型的森林中，也出现于林缘疏林、农田防护林和城市公园的林地中。

多在夜间活动，白天则藏匿于树林之中，常垂直地栖息在树干近旁侧枝上或林中空地上与草丛中，黄昏和晚上才开始活动。经常单独或者成对出没，不过到了迁徙季节则常结成10～20只，有时甚至结成多达30只的大群活动。

主要以啮齿动物为食，包括鼠类，也偶尔食用一些小型鸟类、哺乳类和昆虫，如雀类、莺类、蝙蝠、甲虫、金龟子、蝗虫、蝼蛄等。

迁徙行为受食物因素的影响较大，如在东北的沈阳也曾记录到越冬的

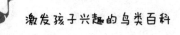

长耳鸮群体，而其他越冬地的长耳鸮栖居的时间和地点并不十分稳定。此外，食物还影响着长耳鸮的繁殖成功率和它们的种群数量。

繁殖方式

繁殖期为4~6月，这时特别喜欢鸣叫。因为大多在夜间进行求偶炫耀，所以方式也比较简单，只能做一些近距离的表演，如鞠躬、拍打翅膀，以及互相亲吻、整理羽毛等，有时还扇动着翅膀，嘴里发出一种奇异的噼啪声，并且轮番地倒换着双脚。营巢于森林之中，通常利用乌鸦、喜鹊或其他猛禽的旧巢，有时也在树洞中营巢。每窝产卵3~8枚，通常为4~6枚。卵白色，形状为卵圆形，大小为39~45毫米×32~35毫米，平均43毫米×33毫米，重19.6克。孵卵过程全部由雌鸟承担，孵化期为27~28天，雏鸟是晚成性的，孵出45~50天后离巢。

草原上的清洁工——秃鹫

有一种鸟，它们喜欢在地面上吞噬草原上的动物尸体，这种鸟就是被称为"草原上的清洁工"的秃鹫。

秃鹫是大型猛禽，体长108~120厘米。主要栖息于低山丘陵和高山荒原与森林中的荒岩草地、山谷溪流和林缘地带，常单独活动，偶尔也成小群，特别是在食物丰富的地方。以大型动物的尸体为食，常在开阔而较裸露的山地和平原上空翱翔，窥视动物尸体。偶尔也沿山地低空飞行，主动攻击中小型兽类、两栖类、爬行类和鸟类，有时也袭击家畜。

形态特征

秃鹫体型大，是高原上体格最大的猛禽，如果它收拢翅膀还好，一旦张开翅膀，翼展有2米多长，0.6米宽，一些大的秃鹫则可达到3米以上。

成年秃鹫前额至后枕被有暗褐色绒羽，头部到后面的羽毛较长且密，羽毛颜色也比较淡，头侧、颊、耳区具有一些黑色且比较稀疏的短羽，眼先被有黑褐色纤羽，后颈上部赤裸无羽，铅蓝色，颈基部具长的淡褐色至暗褐色羽簇形成的皱翎，有的皱翎缀有白色。

秃鹫之所以有这样的名称，是因为它们的头部是裸露的，这样，它们的头部就能非常方便地进入被发现的其他动物尸体的内部，在它们脖子的基部有一圈很长的羽毛，这就好比我们在用餐时放到胸前的餐巾纸或者餐布一样，能防止食物弄脏身上的衣服。

秃鹫身体的上半部分到背部，再到尾部呈现暗褐色，尾部如楔形，呈暗褐色，羽轴黑色，初级飞羽是黑褐色，具金属光泽，翅上覆羽和其余飞羽暗褐色。下体呈暗褐色，前胸密被以黑褐色毛状绒羽，两侧各具一束蓬松的矛状长羽，腹缀有淡色纵纹，肛周及尾下覆羽为淡灰褐色或褐白色，覆腿羽为暗褐色至黑褐色。

秃鹫的嘴很强大，可以轻而易举地啄破和撕开坚韧的牛皮，将尸体的内脏取出来。

生活习性

在中国东北、华北北部、西北地区和四川西北部地区的为留鸟，长江中下游与东南沿海地区的为偶见冬候鸟，或许是部分留鸟不定期的冬季游荡。

在猛禽中，秃鹫虽然很凶猛，但飞行能力却一般，它们在飞行时，会选择一种最省力的方法—滑翔。这些大翅膀的鸟儿，在荒山野岭的上空盘旋着，并随时观察和注意着地面上的情况以及上升的暖气流，它们依靠上升暖气流，舒舒服服地继续升高，以便向更远的地方飞去。飞翔时，两翅伸成一条直线，但翅膀基本处于稳定状态，并不使用，这样它们可以利用气流长时间翱翔于空中，而一旦发现了地面上的动物尸体，它们就会立即俯冲下去。

秃鹫喜欢单独活动，但有时候也喜欢三五只一起飞行，最多时数量可达10只，特别是到了食物量比较大的地方，它们白天活动，常在高空悠闲地翱翔和滑翔，有时也低空飞行。

秃鹫最喜欢哺乳动物的尸体，哺乳动物在平原或草地上休息时，通常都聚集在一起。聪明的秃鹫在发现这一点后，将目标放到了那些单独躺在地上的动物上，因为很可能它们已经死了。在发现目标后，秃鹫并不会立即去执行，而是会再观察两天，在这段时间里，假如动物仍然一动也不动，它就飞得低一点，从近距离察看对方的腹部是否有起伏，眼睛是否在转动。倘若还是一点动静也没有，秃鹫便开始降落到尸体附近，悄无声息地向对方走去。

有时候，秃鹫飞得很高，这样就无法发现地面上的动物尸体，其他食尸动物如乌鸦、豺和鬣狗等的活动，就可以为这种猛禽提供目标。如果发现它们正在撕食尸体，秃鹫会降低飞行高度，作进一步的侦察。假如确实发现了食物，它会迅速降落。这时，周围几十千米外的秃鹫也会接踵而来，以每小时100千米以上的速度，俯冲下去开始狼吞虎咽。

秃鹫在争食时，身体的颜色会发生一些有趣的变化。平时它的面部是暗褐色的，脖子是铅蓝色的。当它正在啄食动物尸体的时候，面部和脖子就会出现鲜艳的红色。这是在警告其他秃鹫：赶快跑开，千万不要靠近。

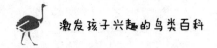

红衣使者——栗鸢

在江河、湖泊、水塘、沼泽、沿海海岸或一些城镇与村庄，常有一种鸟类出没，它们体长36～51厘米，虹膜为褐色或红褐色，头、颈、胸和上背白色，其余体羽和翅膀均为栗色。这种鸟被称为栗鸢，栗鸢又叫红老鹰，为中型猛禽。

除繁殖期成对和成家族群外，通常在白天单独活动。常单独在湖滨、海滨、河岸或水域与村庄上空长时间地翱翔和滑翔。

外形特征

一只成年栗鸢的体长为36～51厘米；嘴峰31～35毫米；翅36.2～40厘米；尾18.8～20.7厘米；跗蹠47～59毫米。

栗鸢在飞行时翅膀向前倾斜，这样就与它们的身体形成了一定的角度，从这个角度看，会发现它们的翅膀是栗色的，而翅尖则是黑色的，头与颈部则为白色，身体其他部位的颜色也为栗色，从下面看，翅膀内面为栗色，翅膀的尖端为黑色，飞羽呈淡红褐色，头部、颈部和胸部为白色，其余体羽均为栗色。它的尾羽为圆形，与鸢的叉尾不同。

栖息环境

栗鸢迁徙时间一般为春季3～4月迁来，秋季10～11月迁走，但各地均较罕见。飞行时两翅向前举，和身体呈一定角度，不像鸢那样两翅向左右平伸，但和鸢一样也多在空中呈圆圈翱翔和滑翔。在开阔的水面翱翔时通常离水面很近，有时也在村庄和田野上空翱翔，不时发出长而悲哀的尖叫声，并带有颤音。飞累了则栖息于树上、房屋屋脊上或河边突出的岩石上。

生活习性

栗鸢主要以蟹、蛙、鱼等为食，也吃昆虫、虾和爬行类，偶尔也吃小鸟和啮齿类。

栗鸢的视力特别敏锐，所以在觅食时会借助视觉，通常栖息于高地，这样能更好地观察周围的环境，这样当猎物出现时，它能迅速地从空中扑下去捕食。栗鸢也捕食从眼前飞过的诸如小鸟和大的昆虫等猎物，有时也在渔村上空盘旋或直接栖息于高的房屋屋脊上，当有鱼类或其他动物的内脏扔出时，则飞去偷食，有时也直接偷取渔民的鱼。

它们除了在陆地上捕食，也会在空中捕食，捕获物或直接在地上啄食或栖息在树上啄食，有时也到处游历觅食或沿海岸飞翔，啄食沿途的腐肉、死鱼和臭肉，在有大量死鱼的地方，也见成群觅食。

繁殖方式

繁殖期为4～7月。通常营巢于水边、农田地边或渔村中高大而孤立的树上，偶尔也有置于房屋屋顶上的，巢较粗糙。通常用枯树枝在树干枝叉上堆集而成，形状为盘状，中间下凹，里面放有细软的干草、棉花、破布条、毛发和纸屑。营巢由雄鸟和雌鸟共同承担，雄鸟运送巢材和为雌鸟运送食物，雌鸟筑巢。每窝产2～3枚卵，偶尔有多至4枚和少至1枚的。卵的形状为卵圆形，颜色为白色或淡蓝色，有的具少许细的褐色或红褐色斑点或斑纹。主要由雌鸟孵卵，孵化期为26～27天。雏鸟为晚成性，孵出后由亲鸟共同觅食喂养，经过50～55天后即可飞翔和离巢。

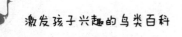

世界最大的猛禽——安第斯神鹫

世界上最大的猛禽就是产自安第斯山区的安第斯神鹫，它是南美洲最大的鸟，也是世界上飞得最高的鸟类之一。

安第斯神鹫产于安第斯山区，生活环境非常广阔，它是美洲大陆最大的猛禽之一，嘴形锋利，多食腐肉。与世界上大多数鸟类不同，安第斯神鹫的雄鸟比雌鸟大，被誉为世界上"难以相信的大鸟"，它展翅时翼面可达7平方米，这是其他鸟类所不能及的。

外形特征

安第斯神鹫又叫康多兀鹫，体长100~130厘米，翼展达3.2米，雄鹫体重11~15千克，雌鹫体重8~11千克，是世界上最大的飞禽。这种鸟身体为黑色，在雄鸟的前额有一个很大的肉垂，在裸露的颈基部有一圈白色的羽领，裸露的头、颈和嗉囊都呈鲜红色，两翼上有很大的白斑，雄鹫则更为显眼。

因为它们主要栖息于安第斯山脉中温尼佐拉至苔拉德福格的高山上，又因它们展翼达3米，体重达15千克，被认为是可飞行的最大的一种鸟，所以，人们称它们为"安第斯神鹫"。

雄鹫的瞳孔褐色，而雌鹫的则是深红色。眼皮没有睫毛。与一般猛禽不同，雌鹫体型小于雄鹫。中趾很长，后趾则发育不全，所有趾上的爪都相对较直及钝。所以它们的脚只能用来行走，用来作武器或者抓取东西就不怎么厉害了，它们的喙弯曲，可以撕开腐肉。因为此鸟是鹫科大家族的成员。科学家经过长期观察和测量，确认安第斯神鹫就是为数众多的飞行鸟类中的巨人。据记载，最大的一只安第斯神鹫，两翅展开达5米宽，被人们称为"难以置信的巨鸟"。当然，这是一个很特殊的记录，但它确实是鸟类中的庞然大物，又因为安第斯神鹫是一种猛禽，因而它也是世界上最大的猛禽。

栖息环境

栖息在海拔3000～5000米的岩壁。主要活动于辽阔的草原及海拔5000米的山区，喜欢视野开阔及没有森林的地区，如岩石区或山区等，方便在空中寻找可食的动物尸体。有时也会出现在低地及沙漠地区。

生活习性

安第斯神鹫擅长远距离飞行，从秘鲁科尔卡峡谷到巴拿马海岸200多千米的路程，清晨出发，傍晚时分即可返回，途中仅吃一些海豹腐尸等食物。它也善于翱翔，能借助山间的上升气流升高，并悄无声息地飞越沟壑大川。它们可以以任何动物的尸体为食，尤其爱吃牛羊的尸体。跟许多亚洲、非洲和欧洲的鹫不同，安第斯神鹫很少聚成几十只的大群一起进食。

安第斯神鹫十分贪食，不吃完尸体，是绝不会离去的。安第斯神鹫常常在吃食后飞到高高的悬崖上久"坐"，因为它们吃得太多太饱。不过，它们的消化系统肌肉发达，消化力强，即使所食过多也能顺利消化。因为得到了严格的法律保护，安第斯神鹫在安第斯山区和南美太平洋沿岸比较常见。

当地安第斯人把安第斯神鹫当作"安第斯文明之魂"而加以尊敬，象征威严，但殖民者登陆后大肆捕杀导致安第斯神鹫濒临灭绝，据估计，秘鲁境内的种群数量在400～4000只，数量稀少。

世界上最危险的鸟类——鹤鸵

小朋友们，你知道世界上最危险的鸟类是什么吗？它就是分布于澳大利亚和新几内亚等地的鹤鸵，鹤鸵是世界上第三大的鸟类，为鹤鸵目鹤鸵科唯一的代表。它的双翼比鸵鸟和美洲鸵鸟的更加退化，不能飞。鹤鸵目和美洲鸵鸟一样，也都有三个脚趾。鹤鸵因爪子如匕首能挖人内脏，而被列为世界上最危险的鸟类之一。

鹤鸵能奔跑，善跳跃，性机警。鸣声粗如闷雷，性凶猛，常用锐利的内趾爪攻击天敌。单栖或成对生活，在密林中有固定的休息地点和活动通道。食物随季节而变化，主要吃浆果，有时也吃昆虫、小鱼、鸟及鼠类。雌鸟在6~9月产卵，通常每窝3~6枚。卵呈绿色。孵化期约49天。2龄后羽饰似成鸟，4~5龄性成熟。头顶上长有一个黄色的角质盔，是鹤鸵的声波接收器。鹤鸵生活在密林里，为了让自己的声音能够穿透林木，它能够发出比其他鸟类都要低频率的叫声，头顶上的角质盔就是这种次声波的接收器。

这种鸟生活在热带雨林中，以拥有12厘米长、类似匕首一样锋利的爪而著称。利爪结合强有力的腿，它们能够将人类的内脏钩出，而对付狗和马只需一击即可致命。这种鸟类在受到威胁的时候就会发起攻击，2004年，它被吉尼斯世界纪录收录进"世界上最危险的鸟类"。

外形特征

鹤鸵又名食火鸡，多栖息于热带雨林。

大鹤鸵有1.7米高，体重大约有70千克。头顶有高而侧扁的、呈半扇状的角质盔；头颈裸露部分主要为蓝色；颈侧和颈背为紫、红和橙色。前颈有2个鲜红色大肉垂。身披亮黑色羽毛；翅膀很小，飞羽羽轴特化为6枚硬棘。雌雄羽毛相似，但雌鸟体型比雄鸟大，尤其是雌鸟前颈的2个肉垂也较大。

　　鹤鸵的奔跑时速可达50千米。鹤鸵目也包括鸸鹋。已知鹤鸵曾用它的脚猛劈而把人劈死，其三趾中最内侧脚趾有一个匕首般的长指甲，能在灌丛中小道上迅速奔驰。有一骨质头盔保护着光秃的头部。成鸟体羽黑色，未成熟鸟淡褐色。

　　它们在构建巢穴时会利用地面上的叶子，幼雏体上具条纹。

　　2004年的吉尼斯世界纪录将鹤鸵列为世界上最危险的鸟类。一般情况下，它们是安静内敛的，但一旦被攻击，就会展现出凶猛的一面。它们一般不主动攻击别人，但如果被挑拨了就会展开行动，如果它们不幸受伤或

者陷入绝境就更危险了，鹤鸵能灵巧地利用它们身处的环境，来避开人类的围捕。

生活习性

巢以落叶、草茎、木棍和细枝筑成，高约25厘米，直径70厘米。雏鸟头顶有骨甲（未来的盔）；头和颈暗棕色，前颈浅黄，有2个三角形小肉垂；体余部为黄色或淡黄色，上体有黑色宽纵纹。

野生的鹤鸵喜欢独来独往，到繁殖季节才群集一起交配。雌性鹤鸵不会照顾它们的蛋或幼鸵，雄性鹤鸵会孵化蛋2个月，再照顾幼鸵9个月。

南方鹤鸵及单垂鹤鸵因失去栖息地而成为濒危物种。据估计，它们的数量为1500～10000头。

第03章
无冕歌王——鸣禽

  鸣禽为雀形目鸟类，种类繁多，包括83科。鸣禽善于鸣叫，由鸣管控制发音。鸣管结构复杂而发达，大多数种类具有复杂鸣肌附于鸣管的两侧。它们分布广，能够适应多种多样的生态环境，那么，鸣禽有哪些种类，又有怎样的生活习性呢？带着这些问题，我们来看看本章的内容。

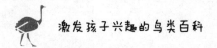 草原上的精灵——百灵鸟

在广阔无垠的大草原上，蓝天白云之下，绿草如茵，茫茫无际。苍穹之下，常常此起彼伏地演奏着连音乐家都难以谱成的美妙乐曲，那就是百灵鸟们在引吭高歌，百灵鸟从平地飞起时，往往边飞边鸣，由于飞得很高，人们往往只闻其声，不见其踪。

那么，小朋友们，你知道百灵鸟的歌声为什么如此动听吗？它们又有怎样的生活习性呢？

外形特征

百灵鸟是草原代表性鸟类之一，体型不大，它们的头部羽毛很漂亮，嘴细而呈圆锥状，有些种类长而稍弯曲。鼻孔会被一些悬着的羽毛掩盖，翅膀尖长，尾短，跗跖后缘较钝，具有盾状鳞，后爪一般长而直。

我国常见的种类有沙百灵、云雀、角百灵、小沙百灵、斑百灵、歌百灵和蒙古百灵等。沙百灵与云雀能从地面拔地而起，直冲云霄，在空中保持着上、下、前、后力的平衡，悬翔于一点鸣唱。

角百灵常旁若无人地在道路上觅食，丝毫不畏惧，尤其是雌鸟在孵卵时也不像其他鸟类那样容易惊飞。

它们常常悄悄地在地上奔跑，或站在高处窥视周围的动静，行动较为诡秘。凤头百灵因头顶有一簇直立成单角状的黑色长羽构成的羽冠而得名。

生活习性

百灵鸟和草原一起经过几百万年的共同演化，获得了适于开阔草原生

存的各种特征。它们一般在3月末开始配偶成对，在地面上鸣叫，并选择巢区。雌雄鸟双双飞舞，常常凌空直上，直插云霄，在几十米以上的天空悬飞停留。歌声中止，骤然垂直下落，待接近地面时再向上飞起，又重新唱起歌来。百灵鸟的鸣声多样，婉转动听，不愧被称为草原上的"歌唱家"。我国蒙古族民歌"百灵鸟双双地飞，是为了爱情把歌唱……"是对百灵鸟行为的真实写照。

百灵鸟的巢筑在地面草丛中，由草叶和细蒿秆等构成，巢呈杯状。每窝产卵大多为2～5枚。它们的卵很好看，底色棕白，上面散缀淡褐色的斑点，接近钝端有一个暗褐色的圆圈。大约经过15天孵化，雏鸟破壳而出。刚出壳的雏鸟赤身裸体，只在一些部位长有绒羽，7天后才睁开双眼，审视它们美丽的家园。

广阔的草原或波状起伏，或平坦无际，没有一棵树木可作识别方位的标记，百灵鸟以高亢动听的歌声交流情感，相互联络。它们是鸣禽中的佼佼者，其控制发声的鸣肌有4～9对，比其他鸟的鸣肌多2～5对。而且，每侧的鸣肌都可以各自单独收缩。所以，它们发出的声音婉转而有旋律。

另外，在激素和脑神经核的协调控制下，百灵鸟有着高超的效鸣本领，可以学习其他动物的语言。优秀的百灵鸟还能把各种动物叫声，连在一起，不停地鸣唱，仿佛是一支交响曲。

草原上的各种草籽、嫩叶、浆果以及昆虫为杂食性地面取食的百灵鸟提供了取之不尽的食物。百灵鸟繁殖的季节，正是昆虫大量繁衍的时候，以高能量的昆虫饲喂雏鸟，雏鸟就能快速成长，有些种类的亲鸟便可以进行第二次繁殖。

干旱的草原能成为百灵鸟的家，可见百灵鸟适应干旱的能力很强。它们或快速飞行到远处取水，或以一定的生理生化特性减少对水的需求。冬季，百灵鸟大多集群生活，几十只甚至上百只为一群，作为一个整体，发

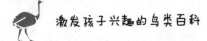

挥众多感官的功能，增加在恶劣环境下集体防御的能力。

百灵鸟既是"歌手"，又是"舞蹈家"。它的歌不光是单个的音节，还把许多音节，串连成章。它在歌唱时，又常常张开翅膀，跳起各种舞姿，仿佛蝴蝶在翩翩飞舞。百灵鸟不但以其美妙的歌喉，优美的舞姿，令人叹服的飞翔技巧美化了环境，也给人类生活增添了无穷的乐趣，更以其自身的存在维持着生态系统的平衡。

鹛类之王——画眉鸟

有这样一种鸟，它们的声音十分洪亮，歌声悠扬婉转，深得别人喜欢，一些绘画爱好者甚至经常临摹其惟妙惟肖的模样，它就是画眉鸟，你们知道画眉鸟长什么样吗？它们又有什么生活习性呢？

外形特征

画眉鸟是雀形目画眉科的鸟类，体长大约23厘米，身体大部分颜色为褐色，从头顶到上背部分有黑褐色纵纹，眼圈白色并向后延伸成狭窄的眉纹。栖息于山丘的灌丛和村落附近的灌丛或竹林中，它们胆小、生性机敏，常在树林下的草丛中觅食，不像一些猛禽常翱翔于天空，它们并不善于飞行，尤其是远距离的。

画眉鸟雌雄区别：

头形：以头部形状区别，雄性头大且长，雌鸟头圆而小；雄鸟的头门较宽，即两眼间距离较宽，而雌鸟的头门则狭窄。

羽色：雌鸟羽毛更美丽，而雄鸟的羽毛更有光泽。

体形：雄画眉鸟一般体形比雌画眉鸟大；胸肌因经常鸣叫锻炼，亦比雌鸟发达；雄鸟的毛比雌鸟紧；雄鸟体形修长，而雌鸟短而胖。

脚形：雄鸟的大腿和跗更有力且粗壮，而后趾下面的肉瘤也比雌鸟稍大。

须式：雄画眉鸟与雌画眉鸟在触须的排列上有别，雄鸟排列既细且直，而雌鸟则显得粗而规则。

栖息环境

画眉鸟主要栖息于海拔1500米以下的低山、丘陵和山脚平原地带的矮树丛和灌木丛中，也栖于林缘、农田、旷野、村落和城镇附近的小树丛、竹林及庭园内。

画眉鸟产地一般属于亚热带气候，比较温暖，光照充足，雨量充沛。这些地区大多河流纵横交错，水库、小溪众多，淡水资源丰富，湿润度较大。因此，这些地区植被茂盛，昆虫、植物种子和植物果实都比较多，十分适宜于画眉鸟的繁衍、生长、生活和栖息。

作为产地的留鸟，画眉鸟终年较固定地生活在一个区域内，一般不会往远处迁徙。它的栖息地主要是山丘的灌木丛和村落附近的灌丛或矮树林，亦活动于海拔1000米以上的阔叶林、针阔混交林、针叶林、竹林及田园边的灌木丛中。画眉鸟在野外常常单独活动，有时结小群活动。画眉鸟喜爱清洁、讲卫生，一年四季几乎每天都要洗浴。因此，没有水和树林的地方是不会有画眉鸟的。画眉鸟既机灵又胆怯，且好隐匿，常常在密林中飞窜而行，或立于茂密的树梢枝杈间鸣叫。

生活习性

画眉鸟多半生活在我国长江以南的山林地区，常在一些灌木丛中飞行、穿梭和栖息，不擅长远距离飞行，叫声洪亮婉转，叫声听起来犹如"如意如意"的发音。

食杂，但到了繁殖季节，则多食昆虫，很多是对农作物有害的虫子，如蝗虫、蝽象、松毛虫以及多种蛾类幼虫等；在非繁殖季节以野果和草籽等为食，偶尔也啄食豌豆及玉米等幼苗。

画眉鸟是中国特产鸟类，主要分布于中国，它不仅是重要的农林益鸟，还鸣声悠扬婉转，悦耳动听，又能仿效其他鸟类鸣叫，历来被民间饲养为笼养观赏鸟，被誉为"鹛类之王"驰名中外。因此，每年不仅大量被民间捕捉饲养观赏，还大量出口国外，致使种群数量明显减少。所以，我们应加强保护画眉鸟，控制捕捉及猎取。

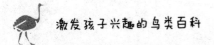 会说话的鸟——八哥

对于八哥，相信很多小朋友都不陌生，它最典型的特征就是会说话，正是因为这一点，八哥深受人们喜爱。八哥，别名为鸲鹆、鹦鹆、寒皋。属雀形目，椋鸟科。广泛分布于华南和西南地区。

外形特征

八哥通体乌黑，矛状额羽延长成簇状耸立于嘴基，形如冠状，头顶至后颈、头侧、颊和耳羽呈矛状、绒黑色且具蓝绿色金属光泽，其余上体缀有淡紫褐色。两翅与背同色，初级覆羽先端和初级飞羽基部白色，形成宽阔的白色翅斑，飞翔时尤为明显。从下面看宛如"八字"，故有八哥之称；尾羽绒黑色，除中央一对尾羽外，均具白色端斑。下体暗灰黑色，肛周和尾下覆羽具白色端斑。虹膜橙黄色，嘴乳黄色，脚黄色。

生活习性

八哥常栖居于平原的村落、田园和山林边缘，喜欢结对活动，我们常能在农村的水牛背上看到八哥的身影，它们也喜欢集结于大树或者屋脊上，傍晚时分，它们会成群在空中翱翔，噪鸣片刻后栖息。夜宿于竹林、大树或芦苇丛，并与其他椋鸟或乌鸦混群栖息。

八哥食性杂，在农民耕地的田野里，八哥经常出没，因为犁翻出土面后有很多蚯蚓，这是八哥最喜欢的食物之一，牛背上的虻、蝇和壁虱，也是它们经常啄食的对象，它们也捕食蝽象、蝗虫、金龟、蝼蛄等。八哥还经常吃各种植物及杂草种子，以及榕果、蔬菜茎叶。

八哥4～8月繁殖，每年2巢，巢无定所，常在古庙和古塔墙壁的缝隙、屋檐下、树洞内，有时就喜鹊或黑领椋鸟的旧巢加以整理，或借用翠鸟之弃穴。巢形大而不整，略呈浅盂状，由稻草、松叶、苇茎、羽毛、软毛及其它废屑堆积而成。产卵4～6枚，卵呈辉亮的玉蓝色。

那么，如何饲养八哥呢？

1.鸟的选择

八哥羽衣不华丽，歌喉也不美，但不怕人、聪明、善仿人言。有人豢养八哥为的是让它跟人玩，但多数人是为听其学"说话"。因而对雌雄选择不严格，关键是要从幼鸟开始饲养。但有人认为，八哥雌鸟比雄鸟更善于模仿。根据经验认为嘴呈玉白色、脚橙黄色的比嘴呈灰褐色、脚黄褐色的八哥更"聪明"。

2.笼的特点

八哥和鹩哥等椋鸟科的鸟均属大型笼鸟，笼子应大一些。因其食性杂、食量大、排便多，笼应为亮底、下有托粪板。另外，八哥的嘴强有力，身体健壮，笼宜坚固。一般选择高48厘米、直径36厘米、条间距2.2厘米，条粗0.4厘米，竹制、铅丝（14号）制的笼即可。笼内应有鲨鱼皮栖杠一根，食水罐、软食缸各一个，比一般鸟的笼更深、大、结实。

3.饲料和喂法

成年鸟以鸡蛋、大米为常备饲料，每天上午喂一软食缸肉沫、水果（切成小块）、粉料（同画眉）拌成的软食，量以在1～2小时之内吃完为限。幼鸟食料可把粉料和肉沫加水或用芭蕉调成泥状，团丸填喂，每天5～8次。待鸟能自己吃食时改成软食，羽毛长齐后再加鸡蛋小米。

4.管理和调教

八哥粪便多而腥臭，要每隔一天清刷一次笼底和托粪板。同时应常使鸟水浴。可将八哥放在水浴笼任其自行洗浴，用喷壶淋浴也可，水浴后置阳光下晒干。水罐每天换水，因为吃软食常涮嘴，容易污染。

自幼羽至成羽期间教鸟"说话"最好，每天早晚空腹时教，周围环境要安静，无噪杂声音。教的话的音节应先少后多，一句学会后再教第二句。每"说"清楚一次便赏给鸟喜欢吃的食物，像香蕉、昆虫等。需多次重复，一般学会一句需3～7天，能学会10句话的就是优秀者。

用学会说话的老鸟带最省事，教话时让鸟对着镜子见效较快。至于八哥学"说话"必须给舌头动某种手术的说法，是没有科学依据的。因为多数鸟的发音器官是位于气管下端、支气管分支处的"鸣管"，靠附着肌肉的收缩而发音，而人的声带是在气管上端。

林八哥、北椋鸟、灰背嫁鸟、黑领椋鸟等椋鸟科的鸟均可以用上述方法饲养。成对饲养多在大的笼子或房舍内，安放树洞巢或木巢箱，有的动物园曾繁殖成功。

一飞冲天——云雀

小朋友们，如果你读过文坛巨匠鲁迅先生的文章《从百草园到三味书屋》，相信对其笔下的叫天子一定有印象："轻捷的叫天子（云雀）忽然从草间直窜向云霄里去了……何首乌藤和木莲藤缠络着，木莲有莲房一般的果实，何首乌有臃肿的根……" 不知你是否好奇过，叫天子究竟是怎样的一种鸟？

其实，"叫天子"就是云雀，云雀是百灵科、云雀属的一种鸟类，共有4个物种，是一类鸣禽。体型以及羽毛颜色与麻雀相似，雄鸟与雌鸟颜色、大小相近，背部花褐色和浅黄色，胸腹部白色至深棕色。外尾羽白色，尾巴棕色。后脑勺具羽冠，适应于地栖生活，腿、脚强健有力，后趾具一长而直的爪；跗跖后缘具盾状鳞，以植物种子、昆虫等为食，常集群活动；繁殖期雄鸟鸣啭洪亮动听，是鸣禽中少数能在飞行中歌唱的鸟类之一。

外形特征

云雀体型中等，大约有18厘米，虹膜深褐色；嘴为角质色；脚为肉色。

顶冠及耸起的羽冠具细纹，尾分叉，羽缘白色，后翼缘的白色于飞行时可见。它飞到一定高度时，会稍稍浮翔，又疾飞而上，直入云霄，故得此名。

相似鸟种的区别辨识：

云雀与鹨属鸟类的区别：云雀尾及腿均较短，具羽冠且立势不如其直。

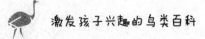

云雀与小云雀的区别：易混淆，但云雀体型较大，后翼缘较白且叫声也不同。

栖息环境

栖于草地、干旱平原、泥淖及沼泽。正常飞行起伏不定。警惕时下蹲。

生活习性

生活在草原、荒漠、半荒漠等地。云雀以活泼悦耳的鸣声著称，高空振翅飞行时鸣唱，接着做极壮观的俯冲而回到地面。以食地面上的昆虫和种子为生。有高昂悦耳的声音。在求爱的时候，雄鸟会唱着动听的歌曲，在空中飞翔，或者响亮地拍动翅膀，以此吸引雌鸟的注意。鸣声在高空中振翼飞行时发出，为持续的成串颤音及颤鸣。警告时发出多变的吱吱声。

繁殖方式

云雀繁殖期在4~8月，在一个繁殖季节能成功养育4雏。巢建在地面上，而且通常建在植被间，隐藏得非常好。在地面以草茎、根编碗状巢，每窝产卵3~5枚，孵化期10~12天。幼鸟离巢期是8~10天，但仍然依赖其父母再喂养1~2周。雄性在整个繁殖季节都会不停地鸣叫。

黑管吹奏手——黄鹂

黄鹂鸟在我国是一种属于比较受欢迎的鸟类，也有许多人都喜欢在家里养黄鹂鸟，因为这种鸟的叫声是比较清脆好听的。那么小朋友们，你知道黄鹂鸟有什么生活习性吗？它们的歌声又代表了什么含义呢？

外形特征

黄鹂羽色鲜黄，嘴与头等长，较为粗壮，嘴峰略呈弧形，稍向下曲，嘴缘平滑，上嘴尖端微具缺刻；嘴须细短；鼻孔裸出，上盖以薄膜。翅尖长，具12枚初级飞羽，第1枚长于第2枚之半；尾短圆，尾羽10枚。跗蹠短而弱，适于树栖，前缘具盾状鳞。

生活习性

黄鹂鸟大多数为留鸟，少数种类有迁徙行为，迁徙时不集群。树栖性，在枝间穿飞觅食昆虫、浆果等，很少到地面活动。

黄鹂为著名食虫益鸟，羽色艳丽，鸣声悦耳动听。黄鹂胆小，不易见于树顶，但能听到其响亮刺耳的鸣声而判知其所在。

主要见于温暖地区，于林地、花园觅食昆虫，某些亦食果实。栖树时体姿水平，羽色艳丽，鸣声悦耳而多变。飞行姿态呈直线型。

另外，黄鹂鸟发出的不同类型的叫声表达了它们不同的情绪，那么家养的黄鹂鸟的叫声分别代表了怎样的情绪呢？

第一，黄鹂鸟的叫声分为很多种类，不同的叫声也有着不同的含义，当黄鹂鸟发出轻轻鸣叫类的声音时，它们发出的声音是比较清脆悦耳的，说明黄鹂鸟的心情是比较好的，这个时候它会希望主人和它一起玩耍。如果有人家中饲养了黄鹂鸟，当听到黄鹂鸟有这样的叫声时，表明它想和你互动一下。

第二，当发现家里的黄鹂鸟开始呱呱乱叫，然后开始胡乱飞行，那么表明它们受到了惊吓，因为恐惧、紧张，它们不仅胡乱飞行，甚至还有可能撞击鸟笼、拉屎等，这个时候就需要主人去耐心地安抚一下自己家里的鸟，让它们慢慢地把心情平复下来才可以。

第三，如果它们发出咕噜咕噜类似呢喃的声音，一般来说，这表明它们到了发情期，它们发出这种声音，主要是为了吸引异性的注意力。

第四，如果它们发出嘎嘎的叫声，说明它们已经很生气了，发出这种声音是对主人的一种警告，可能是主人做了一些导致它们不开心的事情，它们发出这种声音来表达自己的不满。

北方宠鸟——黄雀

小朋友们，相信你们也曾学习过"螳螂捕蝉，黄雀在后"的成语故事，而关于成语中的黄雀鸟，你们了解吗？

黄雀为雀科金翅雀属的鸟类。雄鸟头顶与额黑色，翼斑和尾基两侧鲜黄；雌鸟头顶与额无黑色，具浓重的灰绿色斑纹；下体暗淡黄，有浅黑色斑纹；雄鸟飞翔时可显示出鲜黄的翼斑、腰和尾基两侧。以多种植物的果实和种子为食，兼主食赤杨、桦木、榆树、松树及裸子植物的果实、种子及嫩芽，也吃作物和蓟草、中葵、茵草等杂草种子以及少量的昆虫。

外形特征

雄性成鸟（春羽）：额、头顶和枕部黑色，枕羽略带灰黄；眉纹鲜黄；贯眼纹短，呈黑色；耳羽暗绿色；颊黄色；后颈和翕绿色，羽缘黄色；腰亮黄色，羽尖色较深，近背部有褐色羽干纹；尾上覆羽褐色，具亮黄色宽缘；中央一对尾羽黑褐色，带亮黄狭边；最外侧一对尾羽的外网基段及内羽亮黄色，外翈末段及内翈羽端褐色；其余尾羽基段亮黄，末段黑褐，并带黄色边缘；小覆羽、中覆羽均褐色，带亮黄绿宽缘；大覆羽黑褐色，羽端亮绿；小覆羽黑色，羽缘黄而尖端白；初级覆羽暗黑，羽缘绿黄；飞羽基段亮黄，末段黑褐，外缘黄绿；所有飞羽羽端均灰褐色；颏和喉中央黑色，羽尖沾黄；胸亮黄色；腹灰白色，微沾黄；两胁及尾下覆羽灰白色，有黑褐色羽干纹，翼下覆羽和腋羽淡黄，前者羽基发黑。

雄性成鸟（秋羽）：体羽的黄、绿和黑等色泽不如春羽那样鲜明，但羽干纹反较明显。

雌性成鸟：额、头顶、头侧和翕概褐色沾绿，而带黑褐色羽干纹；腰部绿黄，亦具条纹，下体淡绿黄或黄白色，并具些较粗的褐色羽干纹，胁部尤甚；余部同雄鸟。

幼鸟：与雌鸟相似，但色较褐而少黄色，因此腰、眉纹和颊侧淡皮黄色；上体条纹粗著，下体多呈白色，具有黑色点斑；翼斑带皮黄色。

虹膜近黑；嘴暗褐色，下嘴较淡；腿和脚暗褐色。

生活习性

黄雀的栖息环境比较广泛，无论山区或平原都可见到；在山区多在针阔混交林和针叶林中；平原多在杂木林和河漫滩的丛林中，有时也到公园和苗圃中。除繁殖期成对生活外，常集结成几十只的群，春秋季迁徙时见有集成大群的现象。性不大怯疑，但在繁殖期非常隐蔽。平常游荡时喜落于茂密的树顶上，常一鸟先飞，而后群体跟着前往。飞行快速，直线前进。

黄雀的食物一般随季节和地区不同而有变化；春季在东北吃嫩芽、野生植物种子、裸子植物种子和鞘翅目小昆虫；夏季以多种昆虫喂雏，尤以蚜虫为主；而秋季则食浆果、草籽、稗、粟等。在河北则食大量种子、浆果和昆虫。春、秋季旅经河南时，以各种植物种子为主，兼食少量蚜虫。在越冬区则以植物性食物为主。

它们喜欢在松树枝上或者森林中的小树上建造巢穴，巢十分隐蔽，它们喜欢将蛛网、苔鲜、野蚕茧、细根和纤维等缠绕起来作为巢穴的原材料，且巢设计巧妙，宛如一个被子，内垫以细纤维、兽毛、羽毛和花絮等。雌雄均参与营巢，但主要"建筑"任务还是由雌鸟担任。

每窝产卵4~6枚；于5月末或6月初产出。卵呈鲜蓝到蓝白色，缀以红褐色线条和斑点。卵的大小平均为16.3毫米×2.2毫米。由雌鸟孵卵。两性共同育雏，但以雌鸟为主。黄雀在大兴安岭每年可产两窝。冬季它们在我国南方各地越冬。

黄雀是国内有名的笼鸟之一。它的羽色鲜丽，姿态优美，并有委婉动听的歌声，又易于驯养，因而为人们所喜爱，因此南北各地都在春秋两季捕养它。此鸟虽食些松杉种子和一些谷物，但为数较少；并能啄食大量害虫和野生草籽，有益于农林。

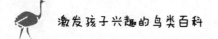

世界上最聪明的鸟——乌鸦

　　乌鸦是公认的非常聪明的鸟，《伊索寓言》中乌鸦喝水的故事，生动地诠释了乌鸦的智慧。故事发生在公元前6世纪的希腊，一只口渴的乌鸦找到了一只装着水的大陶罐，但因为罐深水少，水位不够高，它喝不到水。陶罐的口子很小，不能飞进去，也很重，乌鸦没有足够力气把罐子推倒让水流出来。于是这只乌鸦找来很多小石块，从罐口丢进去，水位逐渐上升后，它便喝到了水。

　　鸟类学家还发现，新喀里多尼亚岛上的乌鸦，甚至比其他地区的乌鸦智商更高，它们能制作出精巧工具，它们会用弯曲的树枝做成钩子，使其变成掏取树木缝隙中虫子的工具，它们还会自己做直锯，然后切开虫子食用。日本仙台的食腐鸦则找到一种敲碎坚果壳的好方法。它们衔着坚果在路边等待，在交通信号灯由绿变红的时候，它们飞下来，把核桃放在车轮前，然后飞走。当绿灯再次亮起车子开走后，坚果被压碎，它们就能吃到果仁了。

　　为什么乌鸦会这么聪明？有两个主要原因。一是乌鸦的脑容量与身体的比例，在所有鸟类中是最大的，以美洲鸦为例，它们大脑约占其体重的2.3%，而家鸡的这项指标却只有0.1%。最新的研究表明，脑容量较大的鸟较为聪明，可以更好地适应环境的改变，更容易在现代化的城市中生存。乌鸦在北方城市中的兴盛，给这一观点提供了良好的佐证。二是乌鸦是群体性动物，寿命相较其他雀形目鸟类更长，为15～20年。它们会在群体中交流生存经验，亲鸟也会将自己的智慧传给下一代。先天的优势加上后天的学习，让乌鸦成为最聪明的鸟儿之一。

那么，小朋友，你对乌鸦这类鸟有更深层的了解了吗？它们是怎样生活的呢？

外形特征

乌鸦是雀形目鸦科鸦属中数种黑色鸟类的俗称。又叫老鸹，嘴大喜欢鸣叫。为雀形目中体型最大的鸟类，体长50厘米左右。全身或大部分羽毛为乌黑色，故名乌鸦。羽毛大多黑色或黑白两色，长喙，有的具鲜明的白色颈圈，黑羽具紫蓝色金属光泽；翅远长于尾；嘴、腿及脚纯黑色。鼻孔距前额约为嘴长的1/3，鼻须硬直，达到嘴的中部。

中国以秃鼻乌鸦、达乌里寒鸦、大嘴乌鸦较为常见。秃鼻乌鸦通体黑色，嘴基背部无羽，露出灰白色皮肤。白颈鸦体羽黑色，有鲜明的白色颈圈。寒鸦是小型乌鸦，胸腹白色并具白色颈圈，余部为黑色。大嘴乌鸦体形较大，嘴粗壮，通体黑色。秃鼻乌鸦、寒鸦、大嘴乌鸦为中国东部和北部城市内冬季的主要混群越冬鸟类。

栖息环境

栖息于低山、平原和山地阔叶林、针阔叶混交林、针叶林、次生杂木林、人工林等各种森林类型中，尤以疏林和林缘地带较常见。喜欢在林间路旁、山崖、河谷、海岸、农田、沼泽和草地上活动，有时甚至出现在山顶灌丛和高山苔原地带。但冬季多下到低山丘陵和山脚平原地带，常在农田、村庄等人类居住地附近活动，有时也出入于城镇公园和城区树上。

生活习性

乌鸦喜群栖，集群性强，一群可达几万只。群居在树林中或田野间，为森林草原鸟类，主要在地上觅食，步态稳重。除少数种类外，常结群营巢，并在秋冬季节混群游荡。行为复杂，表现有较强的智力和社会性活动。一般性格凶悍，富于侵略性，常掠食水禽、涉禽巢内的卵和雏鸟。某些供玩赏的笼养乌鸦会"说话"，有的实验室饲养的乌鸦能学会计数到3或4，并能在盒内找到带记号的食物。

杂食性，吃谷物、浆果、昆虫、腐肉及其他鸟类的蛋。很多种类喜食腐肉，并对秧苗和谷物有一定害处。但在繁殖期间，主要取食小型脊椎动物、蝗虫、蝼蛄、金龟甲以及蛾类幼虫，有益于农。此外，因喜腐食和啄食农业垃圾，能消除动物尸体等对环境的污染，起着净化环境的作用。

毁损鸟——绣眼鸟

绣眼鸟是雀形目绣眼鸟科的97种鸟类的统称。体形小，体长90～122毫米；嘴小，为头长的一半，嘴峰稍向下弯；鼻孔为薄膜所掩盖；舌能伸缩，先端具有角质硬性的纤维簇；翅圆长；尾短；跗跖长而健。雌雄相似。因其眼圈被一些明显的白色绒状短羽所环绕，形成鲜明的白眼圈得绣眼之名。绣眼鸟的嘴细小，主要在花中取食昆虫，亦食少量浆果。在林间及林缘附近耕作区分布。主要分布于亚洲南部、大洋洲和非洲。

有约60种都归在绣眼鸟属内。尾、翅均短，体长约11厘米。喙纤巧而尖，舌尖刷状。羽衣单色，灰、褐或黄绿色（雌雄相似）。主要斑纹是由细小柔软的羽毛构成的眼圈，通常为白色。完全树栖生活，取食昆虫、花蜜和甜软的果实，有些也会损坏栽培的无花果和葡萄。绣眼鸟性活跃，除照管它们的杯状巢时外，高度群集。多数种类低声喊喊喳喳，但有几种高声啭鸣。

绣眼鸟目前有四种品种：灰腹绣眼，暗绿绣眼，红肋绣眼，非洲绣眼。其中灰腹绣眼在我国比较少，而在江浙一带大家都喜欢养暗绿绣眼。这种鸟儿该如何进行雌雄鉴别呢？

（1）羽色：绣眼鸟雌雄羽色相近，但雄鸟的黄斑色泽较深，形状也较长，雌鸟的偏淡黄而不艳。观察仔细，会发现雄鸟腹部至尾根有一根很细的纵向黄羽线，而雌鸟则没有。

（2）头型和眼圈：雄鸟额头稍宽，头顶羽毛薄；白色眼圈宽而隆起。

（3）体型：雄鸟羽毛紧贴时有欣长感，雌鸟静止时体型较浑圆。

（4）叫声：这是最简单也是最难的方法。说它简单，是指只要长叫声中有尾音（雌雄鸟都会发"唧，唧"声，但雄鸟的"唧"声中带一点尾音听起来就是"唧切，唧切"），还有就是会开口唱的肯定是雄鸟。

说它难，是指一般在马路市场买的鸟都是生鸟，不太愿意唱的。这时候只有靠经验和灵感了。不过有时运气好的话把鸟单独拿开，会听到它的小叫声。只要它开口叫了，就有六七成的把握了。

绣眼鸟在选购时要注意是否有生理缺陷，比如可能有一些腿断了的或者眼睛瞎了的，也有一些鸟有着不良习惯，这些都应该注意。那么，如何挑选到优良品种的绣眼鸟呢？

（1）观察眼睛：一只健康的鸟眼结膜呈粉红色，眼球明亮，没有泪痕或者过多的分泌物，而不健康的鸟则可能眼睛红肿、眼结膜充血，眼部有泪痕、眼神恍惚等，一些营养不良的鸟眼黏膜苍白，视力差。

（2）观察鼻孔：如果是一只健康的鸟，则鼻孔干燥，没有流出来的东西。

（3）观察精神状态：一只健康的鸟，羽毛是紧紧贴在身上的，且有光泽、性格活泼好动、翅膀收拢、腿爪有力，如果有食物，会不停地啄食和饮水。病态的鸟儿精神萎靡不振，活动很少，羽毛无光泽、凌乱，羽毛松乱，双翅下垂，嗜睡，身体消瘦。

（4）观察喙与口腔：健康的鸟上下喙光滑，没有缺口，嘴角也无渗出物，口腔干净，没有异味，舌鲜红，如果是病态的鸟，在口腔有炎症溃疡等。

（5）泄殖腔的观察：健康鸟的泄殖腔周围羽毛干燥，清洁，泄殖腔黏膜呈粉红色，无异常。病鸟泄殖腔周围羽毛脏乱，甚至会沾了粪便。

不过，如果你想养绣眼鸟，需要明确它可能带给你的几点烦恼。

（1）绣眼鸟属于雀形目的小型鸟类，容易滋生细菌和病毒。绣眼鸟为血吸虫和脑炎流感等病菌提供了滋生地，滋生蚊蝇，为蚊子的幼虫提供了呼吸和繁殖的机会，危害人们的生活健康。

（2）绣眼鸟生性活跃，高度群集，多数种类低声喊喊喳喳，活跃期时会严重影响人类的安静生活。

（3）绣眼鸟的嘴细小，喜欢损坏栽培的无花果和葡萄，多分布于林间及林缘附近耕作区，对农作物带来损伤，对农业经济产生危害。绣眼鸟要在花中取食昆虫，亦食少量浆果，笼养绣眼鸟主食是粉料，副食是各种水果。

（4）笼养绣眼鸟的代谢产物味道非常重，会严重影响人们的生活卫生。笼养绣眼鸟需要定时对鸟屎进行清洁，长时间不清理会产生很大的异味。食罐、水罐每天刷洗1次。笼底1~2周进行1次大清理，及时彻底刷洗笼具。

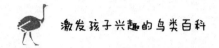 吉祥之鸟——燕子

一到春天，燕子就从南方飞回了北方。对于这一常见的鸟类，你是否了解呢？它有着怎样的生活习性？

外形特征

燕子是雀形目燕科79种鸟类的统称。形小，翅尖窄，凹尾短喙，足弱小，羽毛不算太多。羽衣单色，或有带金属光泽的蓝或绿色；大多数种类两性都很相似。燕子消耗大量时间在空中捕捉害虫，是最灵活的雀形目之一，主要以蚊、蝇等昆虫为主食，是众所周知的益鸟。在树洞或缝中营巢，或在沙岸上钻穴，或在城乡把泥黏在楼道、房顶、屋檐等处的墙上或突出部上为巢。

燕子的故乡在北方，北方色玄，因此，古时把它叫作玄鸟。汉字的"燕"是特指家燕。家燕前腰栗红色，后胸有不整齐横带，腹部乳白色。

家燕在农家屋檐下营巢。食物为昆虫。燕是典型的迁徙鸟。繁殖结束后，幼鸟仍跟随成鸟活动，并逐渐集成大群，在第一次寒潮到来前南迁越冬。

生活习性

中国的燕子种类足足有10种，如夏季的时候家燕到处都是，它们会在各种建筑物的屋檐下筑巢安家，在秋冬季节，为了避寒，它们会飞往南方。我们经常能在一些建筑物、电线上看到它们的身影，飞行时，会发"咝咝"声。寻食时，一面飞行一面张着嘴把飞虫迎入嘴内。以小型昆虫

为食。

4～7月，是燕子的繁殖季节，它们会用泥土、稻草还有羽毛等材料混合在一起筑巢，常常是雌鸟和雄鸟一同完成任务，燕子是人类的益鸟。当天气逐渐转凉时，燕子成群地向南方飞去，到了第二年春暖花开、柳枝发芽的时候，它们又飞回原来生活过的地方。

人类自古以来有保护燕子的习惯，燕子最愿意接近人类，人类最爱护这种益鸟。

燕子每年繁殖2窝，大多在5月至6月初和6月中旬至7月初。每窝产卵4～6枚。第二窝少些，为2～5枚。卵乳白色。雌雄共同孵卵。14～15天幼鸟出壳，亲鸟共同饲喂。雏鸟约20天出飞，再喂5～6天，就可自己取食。食物均为昆虫。

燕子是人类的益鸟，因为它们所食用的蚊和蝇等昆虫都是害虫，据统

计，它们1个季度就能吃掉25万只害虫，所以我们应该保护它们。燕子在冬天来临之前，为了避寒，会进行一年一度的长途旅行，它们会从北方飞往遥远的南方，去那里享受温暖的阳光和湿润的天气，而山雀、松鸡和雷鸟等这些鸟已经习惯了北方的严寒，所以并不会迁徙。

表面上看，是北方冬天的寒冷使得燕子离乡背井去南方过冬，等到春暖花开的时节再由南方返回本乡本土生儿育女、安居乐业。果真如此吗？其实不然。原来燕子是以昆虫为食的，且它们从来就习惯于在空中捕食飞虫，而不善于在树缝和地隙中搜寻昆虫食物，也不能像松鸡和雷鸟那样杂食浆果、种子和在冬季改吃树叶（有些针叶树种即使在冬季也不落叶）。

可是，在北方的冬季是没有飞虫可供燕子捕食的，燕子又不能像啄木鸟和旋木雀那样去发掘潜伏的昆虫幼虫、虫蛹和虫卵。食物的匮乏使燕子不得不每年都要来一次秋去春来的南北大迁徙，以得到更为广阔的生存空间。燕子也就成了鸟类家族中的"游牧民族"了。

第04章
竞走健将——陆禽

陆禽是指鸟纲中的鸡形目和鸽形目的鸟类。这些鸟类经常在地面上活动，因此被称为陆禽。陆禽主要在陆地上栖息。陆禽的腿脚健壮，具有适于掘土挖食的钝爪，体格壮实，嘴坚硬，翅短而圆，不善远飞。雌雄羽毛有明显差别，一般雄鸟比较艳丽。繁殖期常一雄多雌，雄鸟间有激烈的争偶行为，并有复杂的求偶表现。那么，陆禽有哪些常见鸟类，又有哪些特征呢？带着这些疑问，我们来看看本章的内容。

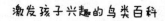 百鸟之王——孔雀

在东方的传说中，孔雀是由百鸟之长凤凰得到交合之气后育生的，与大鹏为同母所生，被如来佛祖封为大明王菩萨。在西方的神话中，孔雀则是天后赫拉的圣鸟，因为赫拉在罗马神话中被称为朱诺，因此孔雀又被称为"朱诺之鸟"。

那么，对于孔雀，你了解多少呢?

外形特征

孔雀只有2属3种。孔雀属包括2种，身体全长可达2米以上，其中尾屏约1.5米，为鸡形目体型最大者。孔雀头顶呈翠绿色，羽冠蓝绿而呈尖形；尾上的覆羽很长，这也是孔雀最美丽的地方，其实它们真正的尾羽很短，呈黑褐色，雌鸟并无尾屏，羽色暗褐而多杂斑。

还有一种孔雀叫刚果孔雀，这种孔雀体长大约70厘米，雌鸟身体绿色和棕色相杂，雄鸟全身黑色，且枕冠直立，羽色华丽，尾上覆羽特别长，远超过尾羽，尾羽有20枚之多，形长而稍呈凸尾状；尾下覆羽为绒羽状；两翅稍圆，第1枚初级飞羽较第10枚短，第5枚最长；跗蹠长而强，远较中趾连爪为长，雄者具距。

尾屏主要由尾部上方的覆羽构成，这些覆羽极长，羽尖具虹彩光泽的眼圈，周围绕以蓝色及青铜色。

孔雀求偶表演的场面十分壮观，雄鸟会将尾屏下的尾部竖起及向前，求偶表演达到高潮时，雄孔雀的尾羽会不停地颤动，发出光芒，与此同时

他们会发出嘎嘎的叫声，不过孔雀的飞翔能力却一般，尾羽漂亮但翅膀却不强劲。

生活习性

留鸟。尤以清晨和临近傍晚时觅食活动较为频繁。常成群活动，由一雄数雌和亚成体组成小群，多成5~10只小群边走边觅食，有时亦见单只和成对活动。善奔走，不善飞行，行走时步履轻盈矫健，行走姿势似一步一点头。疾走时像奔跑一样，在逃避敌害时多大步急驰，逃窜于密林中。通常很少起飞，但向下滑翔时亦飞得很快。白天活动，尤以早晨和下午活动较多，中午多上树或在林中阴凉处休息，晚上栖息于树上。性机警，胆小怕人，活动时不时抬头观望周围动静，发现人时老远即逃走或鼓翼向远处飞去。鸣声高而洪亮。

杂食性。主要吃川梨、黄泡的果实、幼树枝叶、芽苞、蘑菇、草籽、豌豆、稻谷等植物和农作物，也吃蚱蜢、蟋蟀、蛾、白蚁、蜻象、蚯蚓、蜥蜴、蛙等动物性食物。在圈养情况下以玉米、小麦、糠麸、高粱、大豆

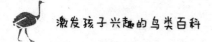

及大豆饼和青草为主，可根据饲养情况再加上鱼粉、骨粉、食盐、砂砾、多维素、微量元素、氨基酸、添加剂等。

孔雀主要栖息于海拔2000米以下的热带、亚热带常绿阔叶林和混交林，喜欢在靠近溪流处生活，尤其喜欢在疏林草地、河岸或地边丛林以及林间草地和林中空旷的稀疏草原或有灌木丛、竹丛的开阔地带活动，活动范围从平原地带到高山地带的森林、灌丛中。

蓝孔雀分布于印度和斯里兰卡；绿孔雀分布于东南亚，中国仅见于云南西部和南部，野生数量稀少，为国家一级保护动物。

奔跑速度最快的鸟类——鸵鸟

　　小朋友，你知道奔跑得最快的鸟是哪种吗？它就是鸵鸟。鸵鸟也是世界上最大的鸟。鸵鸟，又叫非洲鸵鸟，它的长相颇为有趣，裸露着长颈和长腿，挺胸而突臀，一副趾高气扬的样子；如果单看它的秃脑袋，长脖子，扁嘴巴和蛤蟆眼的话，鸵鸟实在太难看了。别看它身高可达近3米，实际上它在鸟类中是非常低等的。它的翅膀与它那高大肥壮的身躯相比小得可怜，不能用来飞翔。而且鸵鸟没有飞行鸟类所具有的龙骨突起和发达的胸肌，尾骨又很小。因此它不具有鸟类飞行的基本条件，当然也就不能飞上天空了。

外形特征

　　鸵鸟很大、笨重，不会飞，不过它们也有自己的专长，那就是奔跑，因为它们有着其他鸟类不具备的"大长腿"；足趾为了适于奔跑也减少到了两趾；它那对不能用来飞翔的小翅膀在它奔跑时发挥着维持身体平衡和助跑的作用。鸵鸟挪动一步能达到3米，最快时速能达到70千米，这个速度即使是快马也赶不上，所以，在鸟类中，鸵鸟是当之无愧的快跑者，同时，它们还有粗壮的双腿，这也是它们的防卫武器，当它们遇到了狮子和豹子，也能一步置之于死地。

　　其实你可能不知道的是，鸵鸟的祖先是一种会飞的鸟类，那么，为什么后来它的飞行能力会丧失呢？

　　这与它的生活环境有着非常密切的关系。鸵鸟是一种原始的残存鸟类，它代表着在开阔草原和荒漠环境中动物逐渐向高大和善跑发展的一种进化方向。与此同时，飞行能力逐渐减弱直至丧失。

鸵鸟的头颈很长，目光又很锐利，看得准，望得远，能及时防止天敌的偷袭。如果真的遇上敌手，它也会用强壮有力的长腿回击，即使是狮、豹它也敢较量一番。平常人们所说的"鸵鸟在危急时把头埋在沙堆里"的"鸵鸟政策"其实是一种错误的说法。世界上除了非洲鸵鸟，还有澳洲鸵鸟、美洲鸵鸟，它们体型都比非洲鸵鸟小得多。

中世纪骑士喜欢用鸵鸟羽毛装饰头盔。鸵鸟皮可制作柔软、细致的皮革。鸵鸟经训练后可供乘骑及驾单座两轮车。鸵鸟对豢养条件不容易适应，可活50年。鸵鸟是不能飞行鸟类的典型。各地的鸵鸟在皮肤颜色、体形大小和卵的特征方面稍有差别，以前认为，它们是不同的种，现在认为这些其实只是鸵鸟的亚种。

生活习性

繁殖期为旱季，有求偶争斗，雄性具求偶炫耀，雌性以沙地掘浅坑为

巢，每产10～13卵，孵化期约42天，约3岁性成熟，寿命约60年。北京动物园1954年开始饲养和展出鸵鸟，1985年繁殖成功。

有时几只雌性鸵鸟的卵产在一起，孵化时雄性夜间，雌性白天轮流值班。卵很大，一枚重0.5～1千克。一般是40～50只鸵鸟汇聚成一群活动。它们还常用沙土和砾石将蛋覆盖，以保持一定温度。在孵化末期，亲鸟会将一些蛋推滚到窝边缘，有利于同步孵化。孵化出的雏鸟很快就能随着成鸟四处走动。

鸟类学家发现，根据各地鸟类的特色，可将全世界分成6大地理区，每一区都有其独特的鸟类，且同一区内的鸟类有普遍的相似性，这是演化和适应环境的结果，其中鸵鸟分布于伊索匹亚区和非洲区。

鸵鸟主要生活在非洲那些天气干燥的地区，在新生代第三纪时，鸵鸟曾广泛分布于欧亚大陆，近代曾分布于非洲、叙利亚与阿拉伯半岛，但现今叙利亚与阿拉伯半岛上的鸵鸟均已绝迹；它们的分布是撒哈拉沙漠往南一直到整个非洲，而大洋洲则于1862～1869年引进，在东南部形成新的栖息地。

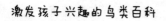

名贵食疗珍禽——乌鸡

乌鸡与一般的家禽不同，如果你仔细观察，你会发现它通体黑色。乌鸡外形奇特，典型的乌鸡具有桑椹冠、缨头、绿耳、胡须、丝毛、五爪、毛脚、乌皮、乌肉、乌骨十大特征，有"十全"之誉。

乌鸡是一种杂食家养鸟。美国把它唤为光滑的矮脚鸡，乌鸡长得矮，有小小的头及短短的颈项。经过进化及繁殖分布，现在，在很多国家都有它的行踪。它们不仅喙、眼、脚是乌黑的，而且皮肤、肌肉、骨头和大部分内脏也都是乌黑的。由于饲养的环境不同，乌鸡的特征也有所不同，有白羽黑骨、黑羽黑骨、黑骨黑肉、白肉黑骨等。乌鸡羽毛的颜色也随着饲养方式变得更多种。除了原本的白色，现在则有黑、蓝、暗黄色、灰以及棕色。

乌鸡又称乌骨鸡、丝羽乌骨鸡，它源自中国江西省的泰和县武山，又名泰和乌鸡、武山鸡。在那儿，它已被饲养超过2000年。

泰和是中国乌鸡之乡，其正宗产地在泰和县武山汪陂涂村。灵秀的山水，哺育了泰和乌鸡这一家禽珍品。泰和乌鸡体型娇小玲珑，集药用、滋补、观赏于一体。为历代皇宫贡品。经检测含有19种氨基酸，27种微量元素，具有保健、美容、防癌三大功效。全县乌鸡年饲养量稳定在2000万羽。

乌鸡是中国特有的药用珍禽，以江西泰和所产乌骨鸡最为正宗，泰和乌鸡外形逸丽，在"万鸡大选赛"中，一举夺得金牌。似凤非凤，似鸡非鸡，其奇美独特的外貌，博得了参展各国的好评，被列为"观赏鸡"而誉满全球。由于该鸡的形成与泰和县武山水土中特有的丰富微量元素密不可分，异地引种三代之内必然退化，所以，泰和乌鸡是世界上独一无二的乌鸡品种。

在唐朝，乌鸡被当作丹药的主要成分来治疗所有妇科疾病。明朝著名的本草纲目说明泰和乌鸡是妇科病的滋补及滋养品。中国科学院的研究显示乌鸡有特殊的营养及医药价值。这是因为武山的罕有天然环境尤其是武山的泉水富含多种矿物质。而乌鸡则喝那里的泉水，吃野生的草粮以及小虫为生，所以它也吸收了精华。

现代医学研究表明，乌鸡内含丰富的黑色素，蛋白质，B族维生素及18种氨基酸和18种微量元素，其中烟酸、维生素E、磷、铁、钾、钠的含量均高于普通鸡肉，胆固醇和脂肪含量却很低。乌鸡的血清总蛋白和球蛋白质含量均明显高于普通鸡。乌鸡肉中氨基酸含量高于普通鸡，而且铁元素含量也比普通鸡高很多，是营养价值极高的滋补品，被人们称作"黑了心的宝贝"，所以，乌鸡是补虚劳、养身体的上好佳品。食用乌鸡可以提高生理机能、延缓衰老、强筋健骨。对防治骨质疏松、佝偻病、妇女缺铁性贫血症等有明显功效。《本草纲目》认为乌骨鸡有补虚劳羸弱，制消渴，益产妇，治妇人崩中带下及一些虚损诸病的功效。

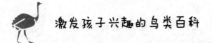 空中精灵——蜂鸟

蜂鸟是世界上最小的鸟，是大自然的杰作：轻盈、迅疾、敏捷，优雅、华丽的羽毛——这小小的宠儿应有尽有。它身上闪烁着绿宝石、红宝石、黄宝石般的光芒，它从来不让地上的尘土玷污它的衣裳，而且它终日在空中飞翔，只不过偶尔擦过草地；它在花朵之间穿梭，以花蜜为食。

外形特征

蜂鸟是世界上已知最小的鸟类。在鸟类动物中，最小的蜂鸟体积比虻还小，体重只有2克，粗细不及熊蜂，卵重0.2克，和豌豆粒差不多。

蜂鸟身体很小，能够通过快速拍打翅膀（每秒15~80次，取决于蜂鸟的大小）而悬停在空中。蜂鸟因拍打翅膀的嗡嗡声而得名。蜂鸟是唯一可以向后飞的鸟。

蜂鸟的羽毛一般为蓝色或绿色，下体较淡，有的雄鸟具有羽冠或修长的尾羽。雄鸟绝大多数为蓝绿色，也有的为紫色、红色或黄色。雌鸟体羽较为暗淡。

它的喙是一根细针，舌头是一根纤细的线；它的眼睛像两个闪光的黑点；它翅上的羽毛非常轻薄，好像是透明的；它的双足又短又小，不易为人察觉；它极少用足，停下来只是为了过夜；它飞翔起来持续不断，而且速度很快，发出嗡嗡的响声。它双翅的拍击非常迅捷，所以它在空中停留时不仅形状不变，而且看上去毫无动作，像直升飞机一样悬停，只见它在一朵花前一动不动地停留片刻，然后箭一般朝另一朵花飞去，它用细长的

舌头探进花朵怀中，吮吸它们的花蜜，仿佛这是它舌头的唯一用途。

蜂鸟的起源

蜂鸟的体型太小，骨架不易保存成为化石，它的演化史至今仍是个谜。现在的蜂鸟大多生活在中南美洲，在南美洲曾发现100万年前的蜂鸟化石，因此科学家认为蜂鸟是源自更新世。然而后来在德国南部科学家却发现了目前世界上最古老的蜂鸟化石，距今已有3000多万年的历史，由此可知，蜂鸟的祖先远在渐新世的时候就已经出现。

生态环境

蜂鸟居住的范围十分广阔，从高达4000米的安第斯山脉一直到亚马逊河的热带雨林，有的蜂鸟生活在干旱的灌木丛林，也有的蜂鸟生活在潮湿的沼泽地。

分布地域

蜂鸟只在美洲有发现，从南加拿大和阿拉斯加到火地岛，包括西印度群岛。黑颏北蜂鸟是美国和加拿大西部最常见的种类。只有红喉北蜂鸟在北美洲东部繁衍，但是其他种类的蜂鸟的个别成员也可以在北美洲东部看到。

惊人的记忆力

尽管蜂鸟的大脑最多只有一粒米大小，但它们的记忆能力却相当惊人。来自英国和加拿大的科研人员最近发现，蜂鸟不但能记住自己刚刚吃过的食物种类，甚至还能记住自己大约在什么时候吃的东西，因此可以轻松地吃那些还没有被自己"品尝"的东西。

它们不但能清楚记住自己曾采过哪些鲜花的蜜，甚至能判断光顾这些花朵的"大概时间"，进而根据不同植物的重新分泌花蜜的规律来寻找新的食物。这样，当蜂鸟再次出动的时候，就能做到不去"骚扰"那些花蜜已经被自己采空的植物了。研究人员指出，这些惊人的举动让蜂鸟成为唯一一种能记住"吃东西地点和时间"的野生动物。此前，科学家认为，只有人类才会具有类似的判断能力。

据悉，这种加拿大蜂鸟每年冬天都要从寒冷的落基山脉飞行数千公里抵达温暖的墨西哥地区越冬，等到了来年春天，它们还要再次千里迢迢地返回落基山繁育后代。科学家因此推测，蜂鸟拥有惊人记忆力的原因是，由于自身太小，年复一年的长途跋涉又需要很长时间，它们不能将宝贵的时间花费在寻找食物的工作上。研究人员宣称，小小的蜂鸟最多能分清楚八种不同类别鲜花的花蜜分泌规律。

新陈代谢

为适应翅膀的快速拍打，蜂鸟的新陈代谢在所有动物中是最快的。它们的心跳能达到每分钟500下！蜂鸟每天消耗的食物远超过它们自身的体重，为了获取巨量的食物，它们每天必须采食数百朵花。有时候蜂鸟必须忍受好几个小时的饥饿。为了适应这种情况，它们能在夜里或不容易获取食物的时候减慢新陈代谢速度。进入一种像冬眠一样的状态，称为"蛰伏"，在"蛰伏"期间，它们心跳的速率和呼吸的频率都会变慢，以降低对食物的需求。

对于蜂鸟寿命的研究资料比较少，大部分专家认为蜂鸟的平均寿命为3~4年。在人工饲养下，蜂鸟寿命可达10年，野外记录的蓝胸蜂鸟的寿命仅有7年。

筑巢高手——织布鸟

在森林中，有时会有很多用草编成的草袋挂在树上，让人怀疑是人类挂上去的，其实这是一种鸟窝，黄胸织布鸟的鸟窝。

织布鸟会将鸟窝搭建在树上，黄胸织布鸟是很细心搭建鸟窝的，鸟窝质量要轻不能压倒树枝，树枝能支起鸟窝，还要结实，可抗风吹雨打保护小鸟，这样的建筑设计需要付出很大体力以及智慧的巧妙构思完成，其实这都是雄性黄胸织布鸟的功劳。

织布鸟既吃害虫，也吃一定量的植物性食物，特别是谷物成熟时，黄胸织布鸟会成群飞到农田觅食，给谷物收成带来一定损失，看似是害虫，那人类应该要破坏它们的鸟窝，但当地人却不会这样做。

当地人不破坏鸟窝，除了黄胸织布鸟的鸟窝很漂亮，还因为这是雄鸟吸引雌鸟过来繁殖必要的房屋。没有美丽的鸟窝，雌鸟是不会过来的，若吸引不来雌鸟，就会对黄胸织布鸟种族繁殖有影响。

织布鸟的鸟窝设计非常安全，有两个出口，一个进出的真正的口——通向孵化育雏之所，非常隐蔽，关闭着不易被人发觉；一个大敞的口是做伪装用的，逃避天敌追捕。

在黄胸织布鸟的世界里，雄鸟就是负责建造鸟窝，吸引雌鸟，完成繁殖后，雄鸟就要开始营造另一个新的巢和吸引新的雌鸟，继续这样循环搭窝吸引雌鸟。

那么，小朋友们，对于织布鸟这样的筑巢高手，你们了解它的外形与生活习性吗?

外形特征

织布鸟属雀形目,织布鸟科,品种多达70多个,它们看上去像麻雀一样,在嘴部的一根飞羽较长,超过大覆羽;大多数雄鸟一年之内羽毛的颜色有两种,非繁殖期颜色与雌鸟无异,典型的织布鸟雄性羽毛呈黑色和黄色。

雌性颜色较浅,呈淡黄色或褐色。主教鸟是非洲常见的织布鸟,也是一种普通的笼鸟。雄性成鸟黑色的羽毛上有鲜艳的红色、橙色或者黄色。雌性成鸟的样子还是像麻雀。有几种雄性织布鸟在繁殖季节过后会褪去色彩鲜艳的羽毛,变得像雌鸟一样很不显眼。

生活习性

织布鸟喜欢将它们的家吊在空中,而它们在建巢时所用的材料必须是经过精挑细选的,必须是柔软且结实的植物纤维,更神奇的是,它们居然有裁剪丝绒的天赋,它们先会用嘴啄住禾草或棕榈树叶的边缘,然后突然腾空飞起,将一条纤维撕下来,在过去的传说中认为织布鸟在织巢时,雌鸟卧在巢里,雄鸟在外,来回传递纤线,就像在织布一样穿梭,这也是它们"织布鸟"名字的由来。后来科学家们做了大量的观察,发现雌雄一起"织布"造巢只是一个美丽的传说,在织布鸟中真正担任建筑任务的都是雄鸟。

筑巢的过程是先编成几条绳索,再把它们合起来,雄织布鸟善于打结,在不同情况下它会打出不同种类的结,所以确切地说织布鸟不是在"织布",而是在"编结"。最终造好的巢,像一个圆底烧瓶,下端的膨大部分为巢室,底部的一侧留作入口,可以通到巢室。在巢室中常发现有泥球,可以增加巢的重量,使巢稳稳地挂在枝头,而不会被风吹翻。有的织布鸟还会在巢的入口处修上一条30多厘米的通道向下垂着,蛇等动物很难进入。亲鸟进巢也只能由下向上飞，不能在巢口处停留。

雄鸟造好巢后，会急着请进一位"新娘"，为了引起雌鸟的注意，雄鸟常会倒挂在巢底，做出各种炫耀动作，并会引颈高歌，但它的歌与它精美的编织品很不相衬，"吱吱"作声，并无其他音调。雌鸟们却并不讨厌这样的唱法，它们很明白雄鸟的心意。它们只对雄鸟的作品很挑剔，许多年长富有经验的雄鸟在这方面占有很大优势。精致的小屋一旦入选，雌鸟就会接着完成巢的内部装修工程。一些年轻的雄鸟显然技术还不过关，雌鸟对它们编结的巢不感兴趣，即使雄鸟大喊大叫也无济于事。假如过了一周，还没有雌鸟愿意以身相许，雄鸟就会亲自拆毁它苦心编织起来的"梦想"，然后再接再厉，重新编织一个巢，终究会有一天，它们也能博得雌鸟的青睐。

 **强悍好斗——鹧鸪**

在陆禽中，鹧鸪是很常见的一种鸟类，在我国也很常见，因此也叫中华鹧鸪，中等体型，约30厘米，又称中国鹧鸪、越雉、怀南。属鸡形目、雉科。多在矮小山岗的灌木林中活动，有时候3～5只结群寻找食物。遇惊时很快地匿藏在灌木丛深处，很难被发现。脚爪强健，善于在地上行走，虽不常飞行，但飞行速度很快。主要以蚱蜢、蚂蚁等昆虫为食物，分布区主要在中国境内，国外见于印度、缅甸、泰国和中南半岛一带。

外形特征

中华鹧鸪雄鸟的体长为282～345毫米，体重292～388克；雌鸟体长为224～305毫米，体重255～325克。它长得比石鸡更为俏丽，头顶黑褐色，四周围有棕栗色，脸部有一条宽阔的白带从眼睛的前面开始一直延伸到耳部，在这条白带的上面和下面还镶嵌着浓黑色的边儿，更衬托出它的眉清目秀。它身体上的羽毛也很有特色，除颏、喉部为白色外，黑黑的体羽上点缀着一块块卵圆色的白斑，上体的较小，下体的较大，下背和腰部布满了细窄而呈波浪状的白色横斑；尾羽为黑色，上面也有白色的横斑，色彩对比十分鲜明。它的虹膜为暗褐色，嘴黑色，腿和脚为橙黄色。

生活习性

喜欢单独或成对活动，像其他鸟类那样善于结群。飞行的速度很快，常作直线飞行。它们的警惕性极高，总是隐藏在草丛或灌木丛里，极难发现。受惊后大多飞往高处，这一点与其他鸟类不同。

中华鹧鸪为杂食性，主要以蚱蜢、蝗虫、蟋蟀、蚂蚁等昆虫为食，也吃各种草本植物，以及灌木的嫩芽、叶、浆果和种子，还有农田中散落的谷粒、稻粒、花生、黄粟等粮食颗粒和甘薯、半夏、槐树果、油菜花等。

雄鸟还有着美妙的歌喉。每当春暖花开之时，在晨曦照耀下，雄鸟们飞落在高高的岩石上或树枝上，放声歌唱，往往是一鸟高唱，群鸟响应，此起彼落，遍及山野，给春天带来了勃勃生机。中华鹧鸪具有十分善斗的性格，也是一个为了保护巢区而表现得很强悍的种类，所以鹧鸪的产地有"一个山头一只鹧鸪，越界比斗"的说法。这种对巢区的保护，使营巢的鸟类有较均匀的分布，保证了繁殖期中的成鸟和雏鸟都有充足的食物供应。

中华鹧鸪喜暖怕冷，喜欢沙浴，喜欢阳光。喜欢活动于次生林、低矮灌木林、杂木林，尤其喜欢生活在上有稀疏树木遮顶，下方有落叶草少的环境。公母的活动喜好略有差异，在不同季节有不同活动范围，在一天中活动范围也有差距，天亮即下到山脚喝水觅食。上午十一点左右当山上沙土被阳光晒热时即上到山腰、山顶土壤疏松处晒太阳，并进行沙浴。沙浴既是中华鹧鸪进行身体清洁的方式，也是它们宣示自己地盘的方式。下午两点后下山觅食，至天黑前上到山上过夜。它们在地上草木稀疏处睡觉，并且睡觉地方比较固定，一座山上只有一只公鸪可在这种明显的地域进行沙浴，并且得到地盘所有者的公鸪认可的母鸪也可以同样方式活动。

鹧鸪与鸡类相同，是一夫多妻制的繁殖方式。在资源丰富的地区，一座山头往往有数十只鹧鸪活动，它们通过武力确定自己在所在地域的地位，尤其是公鸪，将通过打斗产生一只头鸪，其他公鸪则只能低调活动，完全服从于头鸪，不许在该领地内繁殖与啼叫。头鸪享有优先择偶权、交配权。通常一只公鸪会领导1~5只母鸪在其领地内活动、交配。母鸪群体中也有地位的差距，尤其是在发情季节，先发情的母鸪会吸引公鸪前来交

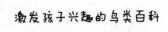

配，并驱赶尚未发情的母鸬，但与同样发情的母鸬则能和睦相处。公鸬虽有多位妻妾，但它总会特定照顾其中一只母鸬。在繁殖季节，公鸬通常于领地最高处啼叫，并经常边叫边走巡逻领地，母鸬则在公鸬领地内营巢、孵蛋。在特定的时间段公鸬会在巢边啼叫、守卫（以便母鸬出去觅食），有些公鸬会在母鸬离巢时代母鸬孵蛋。在一些捕捉公鸬比较严重的区域，通常有一只公鸬占领数个山头的情况，并和该山头的所有发情母鸬进行交配。一般而言，母鸬的活动范围较小且相对固定。除繁殖期外大多鸬都是单独活动的，不结群（幼崽除外）。

圣诞节主菜——火鸡

火鸡，是美国人餐桌上不可缺少的一道美食，相当于咱们中国的饺子。到了每一年特定的节假日——感恩节、圣诞节，美国人会特意准备火鸡这道美食。那么，小朋友们，你们知道火鸡是一种怎样的鸟吗？它又有怎样的生活习性呢？

外形特征

火鸡体型比家鸡大3～4倍，体长110～115厘米。翼展125～144厘米，体重2.5～10.8千克。嘴强大稍曲。头颈几乎裸出，仅有稀疏羽毛，并着生红色肉瘤，喉下垂有红色肉瓣。背稍隆起。体羽呈金属褐色或绿色，散布黑色横斑；两翅有白斑；尾羽褐或灰，具斑驳，末端稍圆。脚和趾强大。体羽从乳白色至棕灰色至黑色褐黑色，闪耀多种颜色的金属光泽。头、颈上部裸露，有红珊瑚状皮瘤，喉下有肉垂，颜色由红到紫，可以变化。雄火鸡尾羽可展开呈扇形，胸前有一束毛球。

颈、足像鹤，嘴尖冠红且软，毛色如青羊，脚有两指，爪甲锋利，能伤人至死。墨西哥的普通火鸡亚种与美国东南和西南部的普通火鸡在羽毛斑点和腰部颜色上稍有差别，但羽衣均为黑色，并带有虹彩光泽的青铜色和绿色。成年雄体头部裸露，有皮瘤，一般情况下呈鲜红色，但兴奋时变成白色，带亮蓝色。普通火鸡的其他明显特征是从额至喙有一个长形红色肉质饰物；喉部有肉垂，胸部具有一个黑色、质地较粗、似被毛的羽簇，称为髯，有脚距突起。雌鸟的重量一般只有雄鸟的一半，头部的皮瘤及肉垂也较小。

生活习性

火鸡喜欢群居生活，性情温顺，行动迟缓。以植物的茎、叶、种子和果实等为食，也吃昆虫等，偶尔也吃蛙和蜥蜴。它们受惊时会迅速跑到隐蔽地方，飞翔力较强，能飞500～2000米远。平时栖于地面上，发咯咯声，觅食昆虫、甲壳类、蜥蜴以及谷类、蔬菜、果实等。夜间结群宿在树上。

火鸡用不同国家的语言翻译出来很好玩，例如，在土耳其，火鸡被称为印度鸡；在印度，火鸡又被称为秘鲁鸡；而在中东地区，火鸡又被称为希腊鸡。而且这样的叫法层出不穷，每一个国家都对火鸡有不同的理解和叫法。但是在我们中国，火鸡就是被称为火鸡。

那么为什么感恩节要吃火鸡呢？其实这是源自欧洲的丰收庆典，在很多年前的欧洲大餐里，比较流行的主菜是烤鹅，但是后来他们认识到火鸡要比鹅好吃，所以就将这样的美食以传统的方式继承了下来。

中国特有珍禽——马鸡

在中国众多的雉鸡类中，有4种马鸡是特产。中国由于气候类型多样、环境独特、地形复杂，特产动物不在少数，但像马鸡这样一个属的所有几个种都仅产于我国的却不多。

外形特征

褐马鸡和蓝马鸡的体长约1米，中央尾羽侧扁，翘起在其他尾羽之上。藏马鸡体型较大，与其他两种不同的是，耳羽簇不突出于颈项之上，尾羽通常仅20枚，尾较平扁，中央尾羽与其他尾羽均向下拖，并不挺起，左右羽片几乎正常，羽支稍松，但不披散。从这些特征看，藏马鸡可能是马鸡属最原始的类型。褐马鸡的体羽主要为褐色，蓝马鸡的体羽主要为蓝色。藏马鸡有5个亚种，其中3个亚种的体羽主要为白色，其余2个亚种的体羽主要为蓝色或灰蓝色。

生活习性

许多人在动物园里见过马鸡那美丽而富有特色的身影，可真正在野外、在它们的自然栖息地见过它们的人可能就很少了，这是因为4种马鸡都生活在人迹罕至的深山老林中。

春夏间繁殖，1雄配1雌，为了争偶，雄鸟间常发生格斗。巢筑于地面，呈浅碟状，以枯枝、苔藓、枯草等构成，内铺碎屑和残羽。卵淡褐、青绿以及土黄色。孵化期为26～27天。雌雄亲鸟均承担雏鸟的喂养和抚育。

秋季，马鸡的多个小家庭会逐渐结合起来，群体不断壮大。这时的雏鸡宝宝们，样子已长得和父母很相像了，但要像成年马鸡那样争斗、繁殖，则还要等到一年多以后。

到了冬季，马鸡能形成几十只以至上百只的大群，共同生活。集群的马鸡每天早晨都要在所栖息的树林中相互呼唤，越叫越响。叫上一阵后，从栖息的高树枝上层层下跳，再突然飞到地面上。群体取食时，有时还有"哨兵"在高处担任警戒任务。若遇到危险，则迅速四散奔逃，分散到茂密的灌丛间。由于翅短体重，腿脚强健，所以马鸡善跑却不善飞，即使起飞，往往距离也不长，落地之后迅速逃匿于茂密的草丛之中。有时也会向山上直奔，到山脊处才滑翔向下降落。这样的集体生活一直要到第二年的发情季节。那时它们又分开成对生活，开始周而复始的求偶繁衍。

生存现状

马鸡在自然界的主要天敌是狐、豹、狼等食肉兽类和一些大型猛禽，有时有些小型食肉动物乃至乌鸦也会毁坏它们的卵，伤害它们的幼鸟。但现在这些都不构成对它们的主要威胁，与其他所有野生动物一样，人类成了它们的头号敌人。

马鸡居住的森林被大片地砍伐，滥捕滥杀、毁巢取蛋，都使马鸡逐渐走到了濒危的地步。现在马鸡的数量与以前相比是大大减少了。

现在褐马鸡的分布区是远离其他3种马鸡的。据推测，褐马鸡和蓝马鸡是由共同祖先分化而来又向不同的地区发展的。从古代"鹖冠"制度看，褐马鸡在华北地区和黄土高原都应曾有相当数量的。家园被毁再加上无情的猎杀，褐马鸡才落到今天濒危的地步。

19世纪以后，随着帝国主义势力的进入，外国人逐渐多起来，褐马鸡的尾羽又成了国外贵妇人的帽饰。中央尾羽叫"马鸡线"，外侧尾羽叫"马鸡片"，以致褐马鸡在科学界被最早定名时，标本竟来自天津的市场上。

　　中华人民共和国成立以后，褐马鸡被列为保护对象，到20世纪80年代又被列为国家一级重点保护动物。其他3种马鸡被列为国家二级重点保护动物。但栖息地的破坏、偷猎、捡蛋等现象一直没有被杜绝。马鸡仍时时受到人类的威胁。

　　马鸡这类特产于中国的珍禽，是自然界留给人类的珍贵遗产。为了保护它们，我国政府除了将它们列为国家级重点保护动物之外，还在它们的分布地建立了自然保护区。4种马鸡也都被人类成功地驯养繁殖。

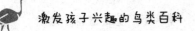我国曾经的"代理国鸟"——红腹锦鸡

　　龙和凤历来是我国神话传说中最具代表性的两种形象，甚至在很多场合被视为能够代表整个中华文化的图腾。神龙和凤凰都是古人凭借想象力塑造出来的神话生物，至于传说的来源、龙和凤的原型，在民间也一直有着很多不同的说法。红腹锦鸡生活在我国中南部地区，包括甘肃、秦岭、四川、云贵一带。陕西和甘肃有许多民间传说都认为红腹锦鸡是凤凰的原型，也管红腹锦鸡叫作"金鸡"，管白腹锦鸡叫作"银鸡"，并且有许多关于红腹锦鸡的故事口口相传，据说连陕西省宝鸡市的名字来源都与红腹锦鸡有关。

　　许多国家都有代表本国形象的国鸟，我国目前并没有官方确定的国鸟，但红腹锦鸡曾经做过"代理国鸟"。那是在2001年，第21届世界大学生夏季运动会在北京召开。这一届的运动会开幕式上首次出现了将代表各国的国鸟形象印制在入场展示牌上这一举措。中国并没有官方定论的国鸟，开幕式前相关单位经过开会研究，决定将红腹锦鸡定为本届大运会的"代理国鸟"，印制在展示牌上。

外形特征

　　红腹锦鸡又名金鸡，属鸟类，体型中等，体长59～110厘米。尾特长，约38～42厘米。雄鸟与雌鸟有差异。

　　雄鸟羽毛鲜艳华丽，羽冠为金黄色，羽上体除上背浓绿色外，其余为金黄色，后颈有橙棕色而缀有黑边的扇状羽，形成披肩状。下体深红色，

尾羽黑褐色，缀满桂黄色斑点。

雌鸟没有雄鸟的外表华丽，它们的头顶和后颈为黑褐色，其余体羽为棕黄色，还有一些黑褐色虫蠹状斑和横斑。脚为黄色。

这类鸡的野外特征很明显，全身羽毛颜色互相衬托，赤橙黄绿青蓝紫俱全，光彩夺目，是驰名中外的观赏鸟类。为中国特有鸟种，该物种分布的核心区域为甘肃和陕西南部的秦岭地区。

生活习性

红腹锦鸡喜欢成群活动，尤其是到了秋冬季节，多的时候三十几只一起出现，到了春夏季节，多半是成对活动。

它们胆小但性机警，听觉和视觉敏锐，只要有一点动静，就会四散逃开，如果危险很远，它们会急速奔跑逃窜，如果危险已经逼近，则立即飞到树上隐匿起来。

它们的脚部肌肉发达，善于奔走，如果奔走过程中遇到了阻碍，就会腾空飞起以避开。飞翔能力也很强，到了林中，它们也能飞行自如，它们在白天活动、夜间休息，尤其是在早晨和下午活动多，到了中午就会隐匿起来休息，晚上多栖于靠沟谷和悬岩的松、栎等乔木树上。它们多栖于离地4米以上树冠的侧枝上。通常不群栖于一树，而是分别栖于邻近的几棵树上。

它们主要以蔷薇、野豌豆、野樱桃、青蒿、蕨叶、雀麦、栎树、茅栗等植物的叶、芽、花、果实和种子为食，对于一些常见的农作物，比如小麦、大豆、玉米、四季豆等，也会食用。此外也吃甲虫、蠕虫、双翅目和鳞翅目昆虫等动物性食物。常常在林中边走边觅食，早晚亦到林缘和耕地中觅食。

红腹锦鸡的求偶炫耀十分好看，当雄鸟向雌鸟求爱时，它先向雌鸟走过去，一边低鸣，一边绕雌鸟转圈或往返疾奔并察言观色，待站立在雌鸟正前方时，雄鸟身上华丽的羽毛都向外蓬松，彩色的披肩羽盖住了头部，很像抖开的折扇。靠近雌鸟的翅膀稍稍压低，另一侧的翅膀翘起，翅膀上和背、腰上五彩斑斓的羽毛都展现在雌鸟面前，尾巴也随着倾斜过来，使美丽的尾羽和尾上的覆羽显得十分明亮，双眼向雌鸟脉脉传情。这时，雌鸟已被雄鸟的绚丽羽毛和一系列炫耀动作搞得眼花缭乱，不时地发出"咝咝"的艳羡声。

繁殖期为4~6月。一雄多雌制，通常1只雄鸟与2~4只雌鸟交配。3月下旬雄鸟即出现求偶行为，雄鸟间亦常发生激烈的争斗。

分布范围

红腹锦鸡只有中国才有，在我国的青海东南部，甘肃文县、天水、武山，陕西秦岭山脉，四川、湖北、贵州、湖南等多地都有。

第05章
凌波仙子——游禽和涉禽

　　游禽是生活在水上的一种鸟类，如雁、鸭、天鹅等，它们脚向后伸，趾间有蹼，有扁阔的嘴或尖嘴，善于游泳、潜水和在水中掬取食物，大多数不善于在陆地上行走，但飞翔很快。涉禽是指那些适应在水边生活的鸟类，包括鹤形目、鹳形目、红鹳目等，属于鸟类六大生态类群之一。那么，常见的游禽和涉禽有哪些呢？又有着怎样的特点呢？带着这些问题，我们来看看本章的内容。

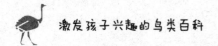

爱情的象征——鸳鸯

自古以来，提到爱情的象征，人们自然而然会想到鸳鸯，而在一些民间传说中，鸳鸯更是"痴情"的象征，传说一对鸳鸯总是永不分离，终生相守，如果有一只不幸死亡，另一只将终生"守节"，甚至抑郁而死。人们常常用鸳鸯鸟的"双栖双飞"来形容恋人间的形影不离，忠贞厮守。

鸳鸯在求偶期多是一雄一雌活动，常常一起追逐飞行。雄鸟会紧紧跟在雌鸟身后，偶尔也会喂雌鸟小鱼以献殷勤。雄鸟和雌鸟亦常在一起相互梳理羽毛，看起来非常亲密。古人应该是观察到了这种鸟类出双入对的现象，因而视鸳鸯为忠贞爱情的象征。

那么，鸳鸯是一种怎样的鸟？又有什么特征呢？

外形特征

鸳鸯是游禽，体型较小，雌鸟头颈均为灰褐色，没有冠羽，眼周为白色，其后一条白纹与眼周白圈相连，看起来就像一条白色眉纹。上体灰褐色，两翅无金属光泽和帆状直立羽。颏、喉为白色。胸和胸两侧的部分为棕褐色，也有一些杂色斑点，其腹和尾下覆羽为白色。

鸳鸯的虹膜为褐色，雄鸟嘴基暗角红色，尖端白色。雌鸟褐色至粉红色，嘴基白色，脚橙黄色。

雄鸟的额和头顶中央都是翠绿色，与雌鸟不同的是，它的这一部分具有金属光泽，枕部为铜赤色，与后颈的暗紫绿色长羽组成羽冠。眉纹部分是白色，宽且长，并向后延伸构成羽冠的一部分。眼先淡黄色，颊部具棕栗色斑，眼上方和耳羽棕白色，颈侧具长矛形的辉栗色领羽。背、腰暗褐色，并具铜绿色金属光泽；内侧肩羽紫色，外侧数枚纯白色，并具绒黑色边；翅上覆羽与背同色。

栖息环境

它们多成群活动，有二十多只，一般情况下，它们喜欢生活在一些针叶林和阔叶林以及附近的溪流、沼泽、芦苇荡等处，有时候，人们能从一群野鸭堆中找到它们，清晨雾气还未散尽的时候，它们就会从栖息的丛林中飞出来，然后在水塘嬉戏、取食，然后再飞到树林中，这一去就是一个多小时，随后它们又回到水边休息。

到了繁殖期，它们就会在湖泊、水塘或者森林河流边栖息。冬季多栖息于大的开阔湖泊、江河和沼泽地带。

每年3月末4月初陆续迁到东北繁殖地，9月末10月初离开繁殖地南迁。迁徙时成群，常呈7~8只或10多只的小群迁飞，有时亦见有多达50余只的大群。在贵州、台湾等地，亦有部分鸳鸯不迁徙而为留鸟。

生活习性

鸳鸯常成群到达繁殖地，刚迁到繁殖地时活动在低山开阔地带的水塘和溪流中，休息时则成群栖息在水边或未融化的冰上。除繁殖期外，常成群活动，特别是迁徙季节和冬季，集群多达50～60只，有时达近百只。善游泳和潜水，在地上行走也很好，除在水上活动外，也常到陆地上活动和觅食。性机警，遇人或其他惊扰立即起飞，并发出一种尖细的"哦儿"声。

鸳鸯生性机警，极善隐蔽，飞行的本领也很强。在饱餐之后，返回栖居之处时，常常先有一对鸳鸯在栖居地的上空盘旋侦察，确认没有危险后才招呼大群一起落下歇息。如果发现情况，就发出"哦儿，哦儿"的报警声，与同伴们一起迅速逃离。

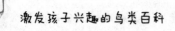

　　鸳鸯为杂食性鸟类。食物的种类常随季节和栖息地的不同而有变化。春季和冬季，主要以青草、草叶、树叶、草根、草籽、苔藓等植物性食物为食，也吃玉米、稻谷等农作物和忍冬、橡子等植物果实与种子。繁殖季节则主要以动物性食物为食，如蚂蚁、石蝇、螽斯、蝗虫、蚊子、甲虫等昆虫和昆虫幼虫，也吃蝲蛄、虾、蜗牛、蜘蛛以及小型鱼类和蛙等动物性食物。觅食活动主要在白天，特别是早晨天亮以后到日出前和下午2点到4点间最为频繁。一般在河中水流平稳处和水边浅水处觅食，有时也到路边水塘和收获后的农田与耕地中觅食。在水中觅食时，除在水边浅水处直接涉水觅食外，有时也潜水觅食和将头伸入水中边游泳边觅食。休息时或漂浮在水面打盹或在水中来回游泳，有时亦成群站在水边沙滩上或石头上。

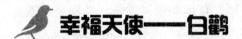
幸福天使——白鹳

对于欧洲人来说，白鹳被认为是上帝派来的"天使""带来幸福的鸟"，或者是"送婴鸟"。白鹳筑巢被看成是吉祥的象征。为此，德国人把美丽的白鹳选为自己的国鸟。

白鹳常常在屋顶或烟囱上筑巢。为食肉动物，其食性广，包括昆虫，鱼类，两栖类，爬行类，小型哺乳动物和小鸟。觅食地大部分为具低矮植被的浅水区。一夫一妻制，但非终生。雌鸟通常每年产4枚卵，孵化需33～34天，58～64天后出巢。分布于欧洲，非洲西北部，亚洲西南部和非洲南部。其为长途迁徙性鸟类，在撒哈拉以南至南非地区或印度次大陆等热带地区越冬。

外形特征

白鹳的体型较大，体长90～115厘米，翼展195～215厘米，体重3000～3500克。寿命约为26年。翅膀长且宽，可滑翔。虹膜为褐色或灰色，眼眶周围的皮肤为黑色。成鸟腿为鲜红色。鸟喙为红色，喙形较直，不向上翘。嘴基较厚，往尖端逐渐变细。眼周、眼先和喉部的裸露皮肤均为黑色。幼鸟羽毛浅棕色、灰暗，鸟喙、眼周、眼先和喉为黑色。

雌雄两性在外观上完全相同，只是一般雄性体型大于雌性。

飞行时，脖子向前伸，腿向后伸，超出其尾尖。白鹳与其他鹳鸟类似，其腿、颈和喙都很细长，羽毛以白色为主，而翅膀周围则为黑色，初级飞羽基部白色，内侧初级飞羽和次级飞羽外侧羽缘和羽尖外，均为银灰色，向内逐渐转为黑色。前颈下部有呈披针形的长羽，到了求偶期间，能竖立起来。

生活习性

白鹳主要栖息于开阔而偏僻的平原、草地和沼泽地带，特别是那些有稀疏树木生长的水塘、河流边或者其他沼泽地，更是白鹳们热爱的栖息地，不过有些情况下，它们也会栖息于远离居民点、具有岸边树木的水稻田地带，到了冬季，它们会尽量避开高大的野草和灌木丛生的地区。

到了繁殖期，白鹳会成对活动，但只要不是繁殖期，它们就会成群出现，特别是到了迁徙时，常集成数十甚至上百只的大群。觅食时常成对或成小群漫步在水边或草地与沼泽地上，步履轻盈矫健，边走边啄食。休息时常单腿或双腿站立于水边沙滩上或草地上，颈缩成S形。有时也喜欢在栖息地上空飞翔盘旋。在地上起飞时需要先在地上奔跑一段距离，并用力扇动两翅，待获得一定的上升力后才能飞起。飞翔时颈向前伸直，脚伸到尾后。既能鼓翼飞翔，也能利用热气流在空中盘旋滑翔。

白鹳胆小且机警，一旦被人类侵袭，它们会表现得十分恐惧且抗拒，比如通过上下嘴的急速拍打，发出一种"嗒嗒嗒"的嘴响声，并伴随着伸直脖颈向上，头仰向后，再伸向下，左右摆动，两翅半张和尾向上竖起，两脚不停走动等"受惊"动作。

它们常常如闲散的老人一样漫步于水塘和河流岸边的开阔地带上，一边走一边啄食，有时还长时间地站立在地上不动。性情温顺，活动时沉默无声，是一种较为安静的鸟类。但在繁殖期间或者受到入侵者干扰时，也能通过上下嘴的急速拍打而发出一种"嗒嗒"声。

它们主要以蟾蜍、蝌蚪、蚯蚓、蚱蜢等昆虫为食，不过有时也吃鼠类等小型哺乳动物以及鸟卵等。常单独或成小群觅食，在食物丰富的地区也常集成大群觅食。主要在白天觅食，偶尔也会在月亮出来时活动。它们依赖视觉觅食，不过在水中觅食就要依靠触觉了，觅食的时候头部身体前倾，头颈向前伸，轻盈而缓慢地大步行走，找到食物后迅速用嘴捕获，饱食后会站立于水面上，有时也会将嘴插入身体的羽毛中，而如果常站在地面上休息，有时也将嘴插入前颈下面的羽毛中。通常单独漫步在水边浅水处，有时也进到齐腹深的水中，一边缓慢地向前行走，一边不时地将半张着的嘴插入水中。除吃动物性食物外，偶尔也吃少量植物叶、苔藓和种子等植物性食物，以及沙粒和小石子。

白鹳也是一种候鸟，到了秋冬季节，会飞到非洲热带和印度次大陆一带。秋季大多在8月中下旬至9月初迁离繁殖地，春季于3~4月离开越冬地。迁徙时集成大群，每群常在500只以上，最高记录为21000多只。

它们飞行主要依靠上升的热气流，这样能节省不少体力，有助于长距离飞行，因此，它们迁徙时会避开长距离的水域或者森林，如果避不开，也是尽量选择其狭窄的地方通过，它们的两翅鼓动速度为每分钟170次，飞行速度达每小时40~47千米，飞行高度可达1600米以上至3600米的高空，在迁徙期间甚至出现在4300米的喜马拉雅山上空。从欧洲繁殖地迁往南非越冬地，最远的迁徙距离往返可达20000多千米以上。

德国曾有一项关于白鹳飞行的记录，据说在德国出现过一只25岁的白鹳，它的一生大约迁徙了500000多千米的距离。

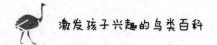

湿地之神——丹顶鹤

从古到今的中国文化里，丹顶鹤都是一种长寿、富贵的象征，神话传说中的神仙往往以鹤为伴。艺术家们常喜绘鹤作为长寿或仙道的象征。丹顶鹤是生活在沼泽或浅水地带的一种大型涉禽，常被人冠以"湿地之神"的美称。

为什么中国人如此偏爱丹顶鹤呢？

这是因为丹顶鹤的习性、形态值得赞美。它通体洁白，只有三级飞羽为黑色，头冠呈鲜红色，站立时姿态优美，甚是清明，宛如一位绅士，它有着很大的一对翅膀，且飞行能力出色，其在飞行时头、颈和两脚都是伸直的，前后相称，姿态极其飘逸。它的鸣声格外高昂响亮。

《诗经》上说："鹤鸣于九皋，声闻于天。"它在天空中飞翔时，往往是未见其"鸟"，先闻其声。

丹顶鹤除了形态上的优雅外，也实属罕见，所以十分珍贵，近些年来，有人开始饲养丹顶鹤，它很容易被驯化，被驯化后的丹顶鹤十分听话，常常展翅飞翔、翩翩起舞。

古人认为鹤是长寿动物，与龟并称。人们以鹤的体态秀美，性情悠闲，很似一个潇洒出尘的人，所以它在我国又被称为仙鹤。如清代画家虚谷用作了一幅《松鹤图》。

咏鹤的诗词歌赋常见于古籍，古典文学以丹顶鹤为题材的内容丰富。丹顶鹤不仅具有艺术价值，在科学上也是极珍贵的资料。

外形特征

丹顶鹤具备鹤类的特征，即三长——嘴长、颈长、腿长。大型涉禽，全长约120厘米。体羽几乎全为纯白色。头顶裸出部分鲜红色；额和眼先微具黑羽；喉、颊和颈大部为暗褐色。次级和三级飞羽黑色，延长弯曲呈弓状。尾羽短、白色。嘴灰绿色，脚灰黑色。

成鸟除颈部和飞羽后端为黑色外，全身洁白，头顶皮肤裸露，呈鲜红色。传说中的剧毒鹤顶红（也有称鹤顶血）正是此处，但纯属谣传，鹤血是没有毒的，古人所说的"鹤顶红"其实是砒霜，即不纯的三氧化二砷，鹤顶红是古时候对砒霜隐晦的说法。丹顶鹤的尾脂腺被粉（冉羽）。幼鸟体羽棕黄，喙黄色。亚成体羽色黯淡，2岁后头顶裸区红色越发鲜艳。

生活习性

丹顶鹤栖息于开阔平原、沼泽、湖泊、草地、海边滩涂、芦苇以及河

岸沼泽地带，有时也出现于农田和耕地中，尤其是迁徙季节和冬季。

食物：主要以鱼、虾、水生昆虫、软体动物、蝌蚪及水生植物的叶、茎、块根、球茎、果实等为食，但具体吃什么，还要随着季节的变化而变化。

换羽：丹顶鹤成鸟每年换羽两次，春季换成夏羽，秋季换成冬羽，属于完全换羽，换羽时飞行能力会短暂消失，此时也十分脆弱，鸣叫时声音非常响亮，这也是它们吸引异性的一种方式。

丹顶鹤是我国的特产鸟类，被列为国家一级保护动物。它的起居地、繁殖地都在我国境内，目前我国建立起了黑龙江省扎龙、吉林省向海鹤类保护区。

南极居民——企鹅

企鹅生活在南极，是一种最古老的游禽，它们很可能在地球穿上冰甲之前，就已经在南极安家落户了。

外形特征

全世界的企鹅共有18种，大多数都分布在南半球。属于企鹅目，企鹅科。特征为不能飞翔；脚生于身体最下部，故呈直立姿势；趾间有蹼；跖行性（其他鸟类以趾着地）；前肢成鳍状；羽毛短，以减少摩擦和湍流；羽毛间存留一层空气，用以保温。背部黑色，腹部白色。各个品种的主要区别在于头部色型和个体大小。

生活习性

企鹅能在-60℃的严寒中生活、繁殖。在陆地上，它活像身穿燕尾服的绅士，走起路来，一摇一摆，遇到危险，连跌带爬，狼狈不堪。可是在水里，企鹅那短小的翅膀成了一双强有力的"划桨"，它们的游速可达每小时25~30千米，一天可游160千米，主要以磷虾、乌贼、小鱼为食。

1488年葡萄牙的水手们在靠近非洲南部的好望角第一次发现了企鹅。但是最早记载企鹅的却是历史学家皮加菲塔。他在1520年乘坐麦哲伦船队在巴塔哥尼亚海岸遇到了大群企鹅，当时他们称之为不认识的鹅。人们早期描述的企鹅种类，多数是生活在南温带的种类。到了18世纪末期，科学家才定出了6种企鹅的名字，而发现真正生活在南极冰原的种类是19世纪和20世纪的事情。例如，1844年才给王企鹅定名，斯岛黄眉企鹅1953年才被命名。企鹅身体肥胖，它的原名是肥胖的鸟。但是因为它们经常在岸边伸立远眺，好像在企望着什么，因此人们便把这种肥胖的鸟叫作企鹅。又因为企鹅正面很像中国的"企"字，所以译名就叫企鹅。

在企鹅的18个独立物种中，体型最大的物种是帝企鹅，平均约1.1米高，体重35千克以上。最小的企鹅物种是小蓝企鹅（又称神仙企鹅），体高40厘米，重1千克。企鹅本身有其独特的结构，羽毛密度比同一体型的鸟类大三至四倍，这些羽毛的作用是调节体温。虽然企鹅双脚基本上与其他飞行鸟类差不多，但它们的骨骼坚硬，并且脚比较短且平。这种特征配合犹如两只桨的短翼，使企鹅可以在水底"飞行"。南极虽然酷寒难当，但企鹅经过数千万年暴风雪的磨炼，全身的羽毛已变成重叠、密接的鳞片状。这种特殊的羽衣，不但海水难以浸透，就是气温在零下近百摄氏度，也休想攻破它保温的防线。南极陆地多，海面宽，丰富的海洋浮游生物成了企鹅充沛的食物来源。

企鹅双眼由于有平坦的眼角膜，所以可在水底及水面看东西。双眼可以把影像传至脑部作望远集成使之产生望远作用。企鹅是一种鸟类，因此企鹅没有牙齿。企鹅的舌头以及上颚有倒刺，以适应吞食鱼虾等食物，但这并不是它们的牙齿。

企鹅通常住在赤道以南，人迹罕至的地方才能看见它们。有些企鹅住在寒冷地方，有些企鹅住在热带地方。但企鹅其实并不喜欢热天气，只有在寒冷的气候中，它们才会快活。所以，在遥远的南极洲沿岸冰冷的海洋里，那儿住着最多的企鹅。企鹅的栖息地因种类和分布区域的不同而异：帝企鹅喜欢在冰架和海冰上栖息；阿德利企鹅和金图企鹅既可以在海冰上，又可以在无冰区的露岩上栖息；在亚南极的企鹅，大多喜欢在无冰区的岩石上栖息，并常用石块筑巢。

南极企鹅的种类并不多，但数量相当可观。据鸟类学家长期观察和估算，南极地区现有企鹅近1.2亿只，占世界企鹅总数的87%，占南极海鸟总数的90%。数量最多的是阿德雷企鹅，约有5000万只，其次是帽带企鹅，约300万只，数量最少的是帝企鹅，约57万只。

　　企鹅天敌中最可怕的莫过于海豹了，一只豹斑海豹一天可吃超过15只的阿德利企鹅，但它通常是捕捉较弱或生病的企鹅。大贼鸥和南极大鳙，也会伺机残害未受保护的企鹅宝宝，海狮、海豹、虎鲸等也会对企鹅产生威胁。

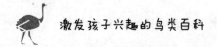 跳舞精灵——火烈鸟

在鸟类家族中，提到火红颜色的鸟，我们很容易想到火烈鸟，火烈鸟象征着自由洒脱、优雅美丽、青春活力、肆无忌惮地挥洒青春，它也象征着忠贞、矢志不渝的爱情。火烈鸟因为有一双细长的腿而被称为跳舞精灵。

火烈鸟主要栖息在温热带盐水湖泊、沼泽及礁湖的浅水地带，生活在各种各样的盐水和淡水栖息地，如潟湖、河口、滩涂和沿海或内陆湖泊，主要靠滤食藻类和浮游生物为生。

火烈鸟分布于热带和亚热带地区，包括南北美洲，加勒比海和加拉帕戈斯群岛、非洲、马达加斯加、欧洲南部、西南亚、中东和印度次大陆。分布地大多为典型的热带地区，也可以在南美洲的安第斯山脉中找到。

外形特征

火烈鸟通体为洁白泛红的羽毛，体型与鹳一般大，大概高约80～160厘米，体重2.5～3.5千克。雄性比雌性的火烈鸟更大，火烈鸟的翅膀上有黑色的部分，覆羽深红，诸色相衬。火烈鸟有着很长的脖子，常呈"S"型弯曲；嘴厚且短，嘴巴上半部分突出且向下弯曲，下半部分则是槽状，上喙比下喙小；脚极长而裸出，向前的3个趾间有蹼，后趾短小不着地；翅大小适中；尾巴较短。

该物种的体形长得也很奇特，头部小、身体纤细，嘴如镰刀状且向下弯曲，中间为淡红色，基部为黄色。眼睛为黄色且很小，这与它们庞大的

身躯相比，显得很不协调。细长的颈部弯曲呈"S"形，双翼展开达150厘米以上，尾羽却很短。腿为红色，且又细又长，脚上向前的3个趾间具红色的全蹼，后趾则较小而平置。

火烈鸟全身的羽毛主要为朱红色，尤其是翅膀基部的羽毛，颜色鲜亮，远远望去就像熊熊燃烧的一团烈火，这也就是它被称为火烈鸟的由来。

然而，红色并不是火烈鸟本来的羽色，而是来自其摄取的浮游生物。2008年荷兰莱顿大学的科学家弗朗西斯科·布达教授和他的实验小组成员，通过精确的量子计算手段发现，火烈鸟之所以是火红色，是因为它所食用的浮游生物中含有虾青素，除了火烈鸟之外，三文鱼、虾、蟹等有这样的颜色的原因也是如此，同时红色越鲜艳则火烈鸟的体格越健壮，越能

吸引异性火烈鸟，繁衍的后代就越出色。

生活习性

喜欢结群生活，往往成千上万只，在非洲的小火烈鸟群是当今世界上最大的鸟群。在面积仅有13939平方千米的中美洲的巴哈马，就栖息着多达5万只的加勒比海火烈鸟，有时甚至有多达10万只以上聚集在一起。

火烈鸟与雁类相似的叫声此起彼伏，震耳欲聋，远远望去，红腿如林，一条条长颈也频频交替蠕动，十分壮观。它们性情温和，平时显得胆怯而机警，游泳的技术也很出色。飞翔时，能把颈部和两腿伸长呈一条直线，而且只要有一只飞上天空，就会有一大群紧紧跟随，边飞边鸣。

食物以水中的藻类、原生动物、小虾、蛤蜊、小蠕虫、昆虫幼虫等为主，偶尔也吃小的软体动物和甲壳类。进食的方法与众不同，十分奇妙，先把长颈弯下，头部翻转，然后一边走一边用弯曲的喙向左右扫动，触摸水底取食。

雪衣公子——白鹭

白鹭对于我们来说并不陌生，因为这是一种在我国很常见的涉禽，在世界各地均有分布，中国、俄罗斯、日本、菲律宾、马来西亚等国家的白鹭数量相对较多。在我国，许多省份都有白鹭的栖息地。

白鹭那雪白的蓑毛，那全身的流线型结构，那铁色的长喙，那青色的脚，增之一分则嫌长，减之一分则嫌短，素之一分则嫌白，黛之一分则嫌黑。

外形特征

白鹭姿态优美，动作潇洒，极富飘逸之神韵。伫立时，白鹭收敛羽翼，颈部或伸或缩，修长的腿轻松地支撑着雪白的身躯，俨然"雪衣公子立芳洲"。行走时，白鹭颈部收缩成 S形，步履轻盈稳健，悠闲自在。飞翔时，白鹭颈部亦呈S形，两脚向后伸直，缓缓地鼓动宽大的翅膀，直冲云天，却又从容不迫。

白鹭分为大白鹭、中白鹭和小白鹭3种。

大白鹭：大白鹭是白鹭中体型较大的一种，一般身长94～104cm，翼展131～145cm，体重1千克，寿命23年，大白鹭通体雪白，每年的5～7月是繁殖期，会在芦苇丛或者高大的树上建巢繁殖，它们的巢很简陋，由一些干草和枯树枝搭建。每年繁殖1窝，每窝产卵3～6枚，一般为4枚。

中白鹭：中白鹭也是一种大型涉禽，虹膜黄色；嘴黑色；眼先裸露，皮肤绿黄色；冬季嘴黄色；嘴尖黑色；脚和趾黑色。成鸟在夏天的羽毛和冬天的羽毛是不同的，夏羽全身白色，背部具延长的蓑状饰羽，后向超过尾端，胸部也有一小撮较小的和如蓑一般的羽毛，冬羽也是全身白色；胸、背无蓑羽。白昼或黄昏活动，以水中生物为食，食性以鱼类、蛙及昆虫为主，也食其他小型无脊椎动物，喜欢在水边活动，能在最短的时间内抓取到食物。

小白鹭：中型涉禽，通体白色，体形纤瘦，繁殖时枕部着生两条长羽，背、胸均披蓑羽。以各种小鱼、黄鳝、虾、水蛭、水生昆虫为食，不过偶尔也吃一些植物，喜欢在白天活动，经常飞到离栖息地数里至数十里的水域岸边浅水处涉水觅食，偶尔也会待在某个地方等待食物，喜欢和水牛一起，偶尔也见栖息于牛背上和啄食牛身上的寄生虫。

生活习性

白鹭"林栖而水食"。捕食时，白鹭迈动长腿涉水漫步，目不转睛地

盯着水里的小动物，然后突然伸出长颈，用又长又尖的嘴向水中猛地一啄，准确地把食物叼住。有时也"久立潺潺石"，伺机捕食过往的鱼虾。傍晚，白鹭归巢，栖身于近岸的山林，在树丛、竹丛或苇草堆里过夜。

有趣的是，富有灵性的白鹭擅长"择优而栖"。当所栖息的环境恶化时，白鹭常会不辞而别；而当环境得到改善时，白鹭又会悄然飞回。因此，诗人讴歌的"翩翩白鹭下夕阳"等景象，在环境学家们看来，其意义远不止于诗情画意，它还意味着环境的优化，意味着人与自然的和谐。

白鹭还有"群飞成序"的习性，故在白鹭栖息地常能观赏到"一行白鹭上青天"的美景。可以说，白鹭的优雅和高贵，完全可以与白天鹅相媲美。

白鹭以湿地为栖息地。在海滩、湖泊、溪流、水稻田和沼泽地，常能见到白鹭的美丽身影，唐宋诗词中就有"漠漠水田飞白鹭""草长平湖白鹭飞"等生动描绘。白鹭栖息最密集的地区当属江苏涟水的白鹭岛，每年夏季有上万只白鹭在岛上筑巢繁衍，有时百千只白鹭齐飞，场面蔚为壮观。

恩爱夫妻——鹈鹕

鹈鹕这种鸟类乍听起来很陌生，其实是我国北方常见的塘鹅。鹈鹕是一种大型的白色水鸟，体羽灰白，眼浅黄，喉囊桔黄或黄色，颈背具卷曲的冠羽。是生活在沼泽及浅水湖的一种鸟。

鹈鹕主要分布在内陆淡水湿地，但也出现在海岸潟湖及河口，在小岛的大片芦苇或空旷处营巢繁殖。觅食时张嘴，以囊袋捞入大量水，滤去水后吞食其中的鱼。飞行时颈部回收，双翅缓慢振动，常在水面做长距离滑行，以鱼类为食。分布于欧洲东南部、非洲北部和亚洲东部一带。中国常见于北方，冬季迁至南方。产于新疆、青海及山东以南沿海等地。

外形特点

鹈鹕是一种长相特别的鸟，尤其是它长着一张看起来古怪又可笑的嘴，这张嘴还很大，能装得下一个星期的食物。人们都很喜欢鹈鹕，鹈鹕也喜欢我们人类。

鹈鹕的特征为大而具有弹性的喉囊。鹈鹕的某些种类身体长度可达180厘米，翅展可达3米，体重可达13千克，是现存鸟类中个体较大者。

鹈鹕用像小捞网似的大喉囊捕鱼而食。鹈鹕不是用喉囊储存鱼，而是立即把鱼吞下。鹈鹕每窝通常产1~4枚卵，卵呈蓝白色，产在由树枝构成的集中，孵化期约1个月。幼雏将嘴伸进亲鸟的食道取食亲鸟回吐的食物，3~4岁成熟。

鹈鹕飞翔姿势十分优美，捕鱼的动作也十分壮观，通常成小群飞行，在高空翱翔并经常一齐拍动翅膀。但到了陆地上时，就没那么灵敏了。

鹈鹕，让人一眼就能认出它们的是嘴下面的那个大皮囊。鹈鹕的嘴长30多厘米，大皮囊是下嘴壳与皮肤相连接形成的，可以自由伸缩。鹈鹕和鸬鹚一样也是捕鱼能手。它的全身长有密而短的羽毛，羽毛为桃红色或浅灰褐色。在它那短小的尾羽根部有个黄色的油脂腺，能够分泌大量的油脂，闲暇时它们经常用嘴在全身的羽毛上涂抹这种特殊的"化妆品"，使羽毛变得光滑柔软，游泳时滴水不沾。

生活习性

鹈鹕喜欢群居，栖息于沿海、沼泽、河川和大型水域里，以鱼类为食。鹈鹕是一种集群的鸟类，飞翔时，众鸟动作整齐划一，仿佛是训练有素的士兵。在捕食时，鹈鹕这种出类拔萃的群体协调能力被发挥得更加淋漓尽致。一旦发现鱼群，鹈鹕就以群体的方式包围上去，双翅扑腾击水，在鱼群惊惶失措时，它们巧妙地把鱼群赶到浅水滩处，这时候的鱼儿就如瓮中之鳖，任它们宰割了。鹈鹕捕住鱼后，不紧不慢，先挤掉喉囊中的水，再开始吞咽，那些较大的鱼，它们会带到岸边来吃，以防止一不小心，鱼儿逃之夭夭。

鹈鹕非常喜欢在湖里洗澡，洗完了澡便开始整理羽毛，常常要用嘴"梳妆"一个多小时。它摆动头部，将颌下腺体分泌的油脂擦在羽毛上，把羽毛一根一根地晾干，然后用嘴把羽毛梳理整齐。

雌雄鹈鹕共同负责巢的安全。它们当中总有一只要陪伴着小鹈鹕，直到小鹈鹕长大为止。鹈鹕卵呈白色，母鹈鹕每隔一到三天产一个卵。从出生到会飞，每只小鹈鹕要吃掉70千克的鱼。所以，当小鹈鹕一落地，它们的父母就开始忙着去捕鱼。

鹈鹕能够对恶劣的天气应付自如，但是它们却应付不了人为的灾难。20世纪60年代，由于农业上滥用滴滴涕杀虫剂，造成鹈鹕蛋壳变薄，使它

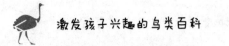

们孵不出小鹈鹕，有些地方的鹈鹕因此灭绝了。褐鹈鹕是路易斯安那州的州鸟。但那里的鹈鹕已经被农药消灭干净了。现在，佛罗里达保护区的工作人员每年送给路易斯安那州一些褐鹈鹕。

海洋的象征——海鸥

海鸥是动物王国中一种非常强健的飞禽，它的叫声优美、嘹亮，目光犀利、敏锐，飞行起来潇洒、自如，每当它在海面上的船的桅杆周围自由翱翔时，便给大海带来了无限的生命力和无穷的魅力，因此常被当作海洋的象征。

外形特征

海鸥是一种中等体型的鸥，体长38～44厘米，翼展106～125厘米，体重300～500克，寿命24年。腿及无斑环的细嘴绿黄色，白尾，初级飞羽羽尖白色，具大块的白色翼颈。冬季头及颈散见褐色细纹，有时嘴尖有黑色。

幼鸟上体大致呈白色，具淡褐色横纹状斑点；尾上覆羽白而具褐色横斑，尾灰褐色，基部白色；初级飞羽黑褐色，其他飞羽褐色而具淡白色边缘。亚成鸟尾羽白而具宽阔的黑色次端斑，次级和三级飞羽淡灰色而具褐色块斑。

生活习性

每年4～8月是海鸥的繁殖期，它们结群营巢在海岸、岛屿、河流岸边的地面或石滩上。通常营巢于内陆淡水或咸水湖泊、沼泽，也营巢于海边小岛上。有的地方鸟巢的密度很大，两个巢之间相距1～2米远。各亲鸟都划定自己的"势力范围"，不准其他鸟入侵。

巢多置于紧靠水边的地上，水中小岛上，芦苇堆和土丘山上。巢很简陋，由海藻、枯草、小树枝、羽毛等物堆集而成一浅盘状。有时也带有少量芦苇。每窝产卵2~4枚。卵为绿色或橄榄褐色，雌雄轮流孵卵，孵化期为22~28天。

海鸥以海滨昆虫、软体动物、甲壳类以及耕地里的蠕虫和蛴螬为食；也捕食岸边小鱼，拾取岸边及船上丢弃的残羹剩饭。有些大型鸥类掠食其他鸟（包括其同类）的幼雏。

海鸥是最常见的海鸟，在海边、海港，在盛产鱼虾的渔场上，成群的海鸥漂浮在水面上，游泳、觅食、低空飞翔，它们喜欢群集于食物丰盛的海域。海鸥除以鱼、虾、蟹、贝为食外，还爱拣食船上人们抛弃的残羹剩饭，故海鸥又有"海港清洁工"的绰号。港口、码头、海湾、轮船周围，它们几乎是常客。

在航船的航线上，也会有海鸥尾随跟踪，就是在落潮的海滩上漫步，也会惊起一群海鸥，海鸥是海上航行安全的"预报员"。乘舰船在海上航行，常因不熟悉水域环境而触礁、搁浅，或因天气突然变化而发生海难事

故。富有经验的海员都知道，海鸥常着落在浅滩、岩石或暗礁周围，群飞鸣噪，这对航海者无疑是一种提防撞礁的信号；同时它还有沿港口出入飞行的习性，每当航行迷途或大雾弥漫时，观察海鸥飞行方向，也可作为寻找港口的依据。

此外，如果海鸥贴近海面飞行，那么未来的天气将是晴好的；如果它们沿着海边徘徊，那么天气将会逐渐变坏。如果海鸥离开水面，高高飞翔，成群结队地从大海远处飞向海边，或者成群的海鸥聚集在沙滩上或岩石缝里，则预示着暴风雨即将来临。海鸥之所以能预见暴风雨，是因为海鸥的骨骼是空心管状的，没有骨髓而充满空气。这不仅便于飞行，又很像气压表，能及时地预知天气变化。此外，海鸥翅膀上的一根根空心羽管，也像一个个小型气压表，能灵敏地感觉气压的变化。

第06章
攀援冠军——攀禽

　　攀禽最典型的本领就是攀援，它们的脚趾两个向前，两个向后，然后凭借强健的脚趾和紧韧的尾羽，可使身体牢牢地贴在树干上。在这类鸟当中，有专吃树皮里害虫的啄木鸟，有吃毛虫的能手杜鹃，还有常年生活在水边靠捕捉水中小动物为食的翠鸟等。攀禽主要活动于有树木的平原、山地、丘陵或者悬崖附近，一些物种如普通翠鸟活动于水域附近，这很大程度上决定于其食性。那么，攀禽具体有哪些鸟类，又有什么特征呢？带着这些问题，我们来看看本章的内容。

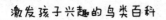布谷布谷——杜鹃

"映山花红柳河荫，杜鹃知时劝农勤"。在中国民间传说中，杜鹃鸟有着其独特的文化含义，其叫声听似"布谷布谷"，含有劝农、知时、勤劳等正面含义。

同时，杜鹃鸟，也是凄凉哀伤的象征，在周朝末期，蜀王杜宇称帝，号望帝。当时有个死而复生的人鳖灵当了宰相。而那时洪水为灾，民不聊生，鳖灵凿巫山，开三峡，除了水患。

望帝见他功高，便把帝位让于他，自己隐居于西山中。杜宇生前注意教民务农，死后仍不改其本性，他化为子规鸟（即杜鹃鸟，又叫布谷鸟），每到春天，总要呼唤人们"布谷""快快布谷"，以提醒人们及时播种。

它那凄凉哀怨的悲啼，常激起人们的多种情思，加上杜鹃的口腔上皮和舌头都是红色的，古人误以为它"啼"得满嘴流血，因而引出许多关于"杜鹃啼血""啼血深怨"的传说和诗篇。

那么，杜鹃是怎样一种鸟呢？

外形特征

它是杜鹃科杜鹃属的一种鸟类，也就是人们常说的布谷鸟，同时还有别称——杜宇、子规、催归，在全国各地都有它们的身影。

杜鹃虹膜为黄色，嘴为黑褐色，下嘴基部近黄色，脚为棕黄色。幼鸟头顶、后颈、背及翅黑褐色，在羽毛的一段都是白色，形成鳞状斑，以

头、颈、上背部分细密，下背和两翅则稀疏。

飞羽内侧具白色横斑；腰及尾上覆羽暗灰褐色，具白色端缘；尾羽黑色而具白色端斑，羽轴及两侧具白色斑块，外侧尾羽白色块斑较大。颏、喉、头侧及上胸黑褐色，杂以白色块斑和横斑，其余下体白色，杂以黑褐色横斑。

杜鹃大额浅灰褐色，头顶、枕至后颈暗银灰色，背暗灰色，腰及尾上覆羽蓝灰色，中央尾羽黑褐色，羽轴纹褐色，沿羽轴两侧有白色细斑点，且多成对分布，末端具白色先斑，两侧尾羽浅黑褐色，羽干两侧也具白色斑点，且白斑较大，内侧边缘也具一系列白斑和白色端斑。两翅内侧覆羽暗灰色，外侧覆羽和飞羽暗褐色。飞羽羽干呈黑褐色，初级飞羽内侧近羽缘处具白色横斑；翅缘白色，具暗褐色细斑纹。

生活习性

杜鹃栖息于山地、丘陵和平原地带的森林中，有时也出现于农田和居民地附近高的乔木树上。性孤独，常单独活动。飞行快速而有力，常循直线前进。飞行时两翅震动幅度较大，但无声响。繁殖期间喜欢鸣叫，常站在乔木顶枝上鸣叫不息。有时晚上也鸣叫或边飞边鸣叫，叫声凄厉洪亮，很远便能听到它"布谷——布谷"的粗犷而单调的声音，每分钟可反复叫20次。鸣声响亮，二声一度。

主要为夏候鸟，部分旅鸟。春季于4～5月份迁来，9～10月份迁走。

主要以松毛虫、五毒蛾、松针枯叶蛾，以及其它鳞翅目幼虫为食。也吃蝗虫、步行甲、叩头虫、蜂等其他昆虫。

森林医生——啄木鸟

啄木鸟是一种森林益鸟，能消灭树皮下的害虫，如天牛幼虫、吉丁虫、透翅蛾等，因此，它被称为"森林医生"。啄木鸟靠啄树干来判断里面有没有虫子，最终还是为了取得食物。这是啄木鸟在长期的自然竞争中，逐渐形成的生存方法。它用尖而长的喙敲打树干，诊断树干中是否有蛀虫。如果被敲啄的树干发出中空的回声（有共鸣的），就表示这棵树被虫蛀了；树干没有被蛀过，声音是实的（没有共鸣的）。

外形特征

啄木鸟身上最为坚硬的部分就是它们的嘴，它们依靠嘴巴啄树上的虫子，舌长而能伸缩，先端列生短钩；脚稍短，具4趾，2趾向前，2趾向后；尾呈平尾或楔状，尾羽大多12枚，羽干坚硬富有弹性，在啄木时可支撑身体。

不同种的啄木鸟形体大小差别很大，小的只有十几厘米，而大的则有四十多厘米，如绒啄木鸟长约15厘米，北美黑啄木鸟长约47厘米，橡子啄木鸟体长约20厘米，红头啄木鸟体长与橡子啄木鸟相似，19～23厘米。

生活习性

一到春天，我们就能看到一些雄啄木鸟在给树做"治疗"了，它们一边啄，一边发出响亮的叫声，其实，这是它们在占领地盘，这些叫声往往因为树洞的共鸣而特别响亮。其他季节啄木鸟显得特别安静。

啄木鸟不是站立于树枝上，而是依靠自己的4趾钩在树上，其中2趾向前，2趾向后，趾尖上都有锐利的钩爪，它的尾呈楔形，羽轴硬而富有弹性，攀爬时成了支撑身子的柱。这样，啄木鸟就可以有力地抓住树干，它们不会掉下来，甚至还能在树干上跳舞。

啄木鸟每天敲击树木500～600次，啄木的频率极快，这样它的头部则不可避免地要受到非常剧烈的震动，但它既不会得脑震荡，又不会头痛。原来在啄木鸟的头上至少有三层防震装置，它的头骨结构疏松而充满空气，头骨的内部还有一层坚韧的外脑膜，在外脑膜和脑髓之间有一条狭窄的空隙，里面含有液体，减低了震波的流体传动，起到了消震的作用。

啄木鸟有极为高超的捕虫本领，它的嘴强直而尖，不仅能啄开树皮，而且也能啄开坚硬的木质部分，很像木工用的凿子，它的舌细长而柔软，能长长地伸出嘴的外面，还有一对很长的舌角骨，围在头骨的外面，起到特殊的弹簧作用，舌骨角的曲张，可以使舌头伸缩自如，舌尖角质化，有

成排的倒须钩和黏液，非常适合钩取树干上的昆虫及幼虫。每天清晨，它们就开始用嘴敲击树干，在寂静的林中发出"笃，笃"的声音，如果发现树干的某处有虫，就紧紧地攀在树上，头和嘴与树干几乎垂直，先将树皮啄破，将害虫用舌头钩出来吃掉，将虫卵也用黏液粘出。当遇到虫子躲藏在树干深部的通道中时，它还会巧施"击鼓驱虫"的妙计，用嘴在通道处敲击，发出特异的、使害虫产生恐惧的击鼓声，使害虫在声波的刺激下，昏头转向，四处窜动，往往企图逃出洞口，而恰好被等在这里的啄木鸟擒而食之。它们一般要把整株树的小囊虫彻底消灭才转移到另一棵树上，碰到虫害严重的树，就会在这棵树上连续工作几天，直到全部清除害虫为止。

捕鱼高手——翠鸟

翠鸟属于佛法僧目，翠鸟科。由于该鸟全身以翠绿色为主，所以就叫翠鸟。嗜食鱼类，翠鸟的寿命很短，大概也就2年。翠鸟是翠鸟科里数量最多、分布最广的鸟类之一。本科共有93种，分布于世界各地，我国已知的有11种。

翠鸟科种类较多，主要种类有普通翠鸟、白胸翡翠、蓝翡翠、斑头大翠鸟、三趾翠鸟等。不同种类的翠鸟外形会有所不同。

蓝耳翠鸟、鹳嘴翠鸟被列入国家二级保护动物名单。在长江以南有一种赤翡翠，全身以黑褐色为主，而其他品种则全身羽毛呈翠绿色，发出夺目的金属光泽，头部黑色，背、翅、尾为蓝色，喉、胸为白色，配以红嘴红腿，显得艳丽夺目。

外形特点

翠鸟体型大多数矮小短胖，与麻雀不相上下，体长大约只有15厘米，与啄木鸟也有点相似，但尾巴更短，当然，翠鸟头重脚轻，它们的头部很大，身体却很小，嘴壳硬，嘴长而强直，有角棱，末端尖锐。

身体主要羽毛为蓝色，很亮，头顶黑色，额具白领圈。浓橄榄色的头部有青绿色斑纹，眼下有一青绿色纹，眼后具有强光泽的橙褐色。喉部色黄白，嘴特别大而呈赤红色。面颊和喉部白色。上体羽蓝色具光泽，下体羽橙棕色。胸下栗棕色，翅翼黑褐色。足短小，二趾相并，脚珊瑚红色。翠鸟尾部很短，但这并不影响它灵活地飞行。

翠鸟是一种羽毛美丽的观赏鸟，背上、尾巴上的羽毛在某种角度的光线照射下，会发出翠绿色的光芒，即使羽毛掉落了也不会褪色。所以翠鸟的羽毛可以用作工艺装饰品，非常漂亮。

生活习性

翠鸟喜欢贴着水面飞行，飞行时会发出尖锐的"唧—唧"鸣声，其鸣声响亮而单调，无音韵。一直以来，人们认为翠鸟喜欢在水边生活，但实际上，很多品种的翠鸟也栖息在离水很远的地方，池塘、湖泊、河流的翠鸟，包括为人熟悉色彩鲜明的蓝翡翠，它们几乎只吃鱼，然而较大的几种翠鸟也吃两栖动物、水生动物和一些昆虫。

也有一种不傍水而居的翠鸟，它们就是神圣翠鸟，广泛分布于澳大利亚、新几内亚、新西兰以及附近岛屿上。孔雀翠鸟产于撒哈拉沙漠以南广大的非洲地区。只有14厘米长，其中鲜明的红嘴就占了1/4。虽然羽毛的颜色鲜艳，但停在树上动也不动地等待猎物时，往往不容易看出来。

翠鸟常在水边的土崖或是堤岸的沙坡上用嘴凿穴为巢。巢室为球状，直径为16厘米，巢内铺以鱼骨和鱼鳞等物，准备养儿育女。每年春夏季节产卵，每窝产卵可达4～5枚。

翠鸟性孤独，平时常独栖在近水边的树枝上或岩石上，伺机猎食，食物以小鱼为主，兼吃甲壳类和多种水生昆虫及其幼虫，也啄食小型蛙类和少量水生植物。常直挺地停息在近水的低枝和芦苇，也常常停息在岩石上，伺机捕食鱼虾等，因而又有鱼虎、鱼狗之称。而且，翠鸟扎入水中后，还能保持极佳水中捕鱼的视力，因为它的眼睛进入水中后，能迅速调整水中因为光线造成的视角反差。所以翠鸟的捕鱼本领几乎是百发百中，毫无虚发。

翠鸟有林栖和水栖两大类型。林栖类翠鸟远离水域，以昆虫为主食。水栖的一类主要生活在各地的淡水域中，喜在池塘、沼泽、溪边生活觅食，食物以鱼、虾、昆虫为主。常常静栖于水中莲叶上，或水边岩石上的树枝上。眼睛死盯着水面，一旦发现有食物，则以闪电式的速度直飞捕捉，而后再回到栖息地等待，有时像火箭一样在水面飞行，十分好看。

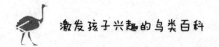

爱情鸟——冠斑犀鸟

在鸟类家族中，有一种体型很大的鸟——冠斑犀鸟，它体长可达74～78厘米。

那么，这种鸟有什么特点与生活习性呢？

外形特征

雄鸟无论是头、颈、背，还是两翅和尾都是黑色的，并且头、背和两翅还有金属绿色光泽，尤以两翅为著；翼缘是白色，杂有黑色，除第一和第二枚初级飞羽及内侧次级飞羽外，飞羽先端均为白色。初级飞羽基部亦为白色，在翅上形成显著的白色翅斑。外侧尾羽具宽阔的白色端斑。颈、喉、上胸和腋羽黑色，其余下体白色。雌鸟和雄鸟相似，但体型稍小。

幼鸟盔突上的黑斑极不明显，仅为灰黑色的阴影，但在发育过程中，黑斑会逐渐扩大。雄鸟盔突上的黑斑比雌鸟要大得多，从嘴的基部直至盔突先端的1/2或1/3处，而雌鸟在盔突的背面几乎没有黑斑。

生活习性

冠斑犀鸟主要栖息于海拔1500米以下的低山和山脚常绿阔叶林中。除繁殖期外常成群活动。多在树上栖息和活动，有时也到地面上觅食。叫声为"嘎克、嘎克"，非常洪亮，在天空中翱翔时它们的头颈向前伸直，两翅平展，很像一架飞机，故有"飞机鸟"之称。

它们不是候鸟，主要以榕树等植物的果实和种子为食，不过也会到地上捕捉蜗牛、鼠类、蠕虫等为食，在享用这些美餐时，它们首先会将食物抛掷到空中，然后用嘴丝毫无误地接到，再吞入腹中，消化不了的果核、兽骨等食物残渣，则从胃中反吐出来。

每年的4～6月是它们的繁殖期，它们会在悬崖绝壁上的石洞、石缝或者树洞的底部筑巢安家，巢的直径为27厘米，深度为13厘米。一个巢能使用很久，有的长达几年。石洞距离地面的高度为60米左右，洞口的直径为60厘米左右，它们的巢主要用杂草、松树叶以及羽毛混合而成。每窝产卵2～3枚，卵的大小为47～54毫米×33～38毫米。由雌鸟在洞口封闭的巢中孵卵。

在现实生活中，冠斑犀鸟奇特的封闭式繁殖习性虽然能够保证雌鸟和雏鸟不被天敌袭击，但有的时候却显得无能为力，甚至会带来更大的灾难。常常有这样的情况发生：出外觅食的雄鸟惨遭偷猎者捕杀，雌鸟和雏鸟由于得不到食物供给，被活活饿死在洞中。

由于冠斑犀鸟的配对几乎是终身制，猎杀一只就相当于毁灭了整个家庭，也是由于冠斑犀鸟奇特的繁殖习性，很多人都叫它"爱情鸟"。

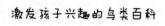 **蚊母鸟——夜鹰**

生活中的许多种食虫鸟类都是栖落在树枝间或地面上觅食昆虫的，如山雀、柳莺、啄木鸟等，而有一些鸟类如燕子、雨燕、夜鹰等习惯在空中捕食昆虫。燕子、雨燕它们终日在空中飞舞，忙于捕虫，动作轻盈而敏捷，所以人们有"轻如飞燕"的说法。而提起夜鹰，就有一些神秘色彩了，因为它不像大多数鸟类那样白天活动，而总是在黄昏到来之际飞上天空。

那么，夜鹰长什么样，又有怎样的习性呢？

外形特征

夜鹰的最典型特征是嘴短宽，能张开很大，这对于它们捕捉昆虫、顺利将它们放入口中有很大的帮助；嘴须发达、有管形的鼻孔，鸟嘴短、嘴裂阔，口须长，眼睛较大，中趾上长有梳子一样的缘，身体羽毛柔软，发暗褐色，有细形横斑，喉部有白斑。雄鸟的尾上也有白斑，在飞行时能看得更清楚，有着敏锐的视觉和听觉能力，一到晚上，它们的一双大眼在黑暗中格外光亮。

生活习性

夜鹰又被称为蚊母鸟，白天它们喜欢蹲伏在树木茂盛的山或树枝上，当在树上停栖时，身体贴伏在枝上，有如枯树节，所以俗称"贴树皮"。对于这类动物与栖息环境颜色相似的现象，科学家认为这是动物在自我保护，动物有了保护色以后，能顺利隐藏自己，进而有效躲避其他动物的攻击，也方便它们捕捉食物。

夜鹰并不是夜间活动的鹰，它与歌喉婉转的"夜莺"也没有亲缘关系。夜鹰的叫声非常奇特，黄昏过后的山林中常可以听到"啾啾啾"一连串急促的叫声，听起来好像是在打机关枪，这就是夜鹰在一展歌喉了。

夜鹰非常适于夜间生活，视力和听觉都非常好，有时夜间蹲在路上，一双大眼睛闪闪发亮，很容易引起行人的注意。正是这双大眼，使它可以清楚地看到夜间飞舞的昆虫。它浑身的羽毛又松又软，飞行起来无声无息，双翅缓慢地鼓动，不时地回转盘旋，好像飘浮在夜空中一样，难怪北方有些地方把它叫作"鬼鸟"。有时，夜鹰为了追捕昆虫，还会突然曲曲折折地环绕着飞行，样子并不比轻盈的飞燕逊色。

夜鹰的嘴张开后特别大，而且很宽阔。飞翔时嘴巴大大地张开，像是凌空挥舞的昆虫网，捕捉飞行中的昆虫。它宽大的嘴角边缘还长有长长的硬须，这更增大了"昆虫网"的拦截面积。夜鹰的巨嘴非常适于捕食夜间活动的大型蛾类，有时黄昏归巢的小型柳莺也会晕头晕脑地撞入"网"中。其次就是各种各样的甲虫，蚊一类的小昆虫也能给夜鹰打打牙祭，有人就曾在一只夜鹰的胃中剖检出500多只蚊子。

很早以前，有人还不能理解夜鹰大嘴的功能，他们发现夜鹰常在夜间出没于羊圈中，于是大嘴、羊圈、羊奶就被联系起来，认为夜鹰是趁夜间偷吮羊奶，所以把它称作"吮羊奶鸟"。其实不过是羊圈的气味招引蚊虫，又引来夜鹰而已。

夜鹰每年5～7月间繁殖，从不筑巢，将卵产在地面、岩石上，茂密的针叶林、矮树丛间，野草或灌木的下面。每次产卵两个，卵呈白色，杂有灰褐和暗灰色斑，大小平均为22.7～30.7毫米。孵卵任务白天由雌鸟承担，晨昏由雄鸟接替，孵化期16～22天，雏鸟留巢期16～30天。

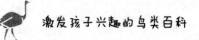

聪明的表演家——金刚鹦鹉

　　在攀禽类鸟中，最爱表演的应该就是金刚鹦鹉了。金刚鹦鹉不仅可以在钢丝上骑自行车、拉车、推磨、翻跟斗、跳交谊舞、打篮球等，还能叫出100种不同物品的名称，能辨别物体的颜色、形状和数量等。经过特殊训练的金刚鹦鹉还能协助交通警察指挥交通，看到汽车超速，会马上飞到汽车驾驶室的窗口，对司机说"请你慢行""请你停车"等，对维护交通秩序起到了很好的作用。

　　金刚鹦鹉不仅爱表演，它们的"口技"在鸟类中更是十分超群。当你走近一只经过训练的鹦鹉身旁时，它会及时地说出"您好！"，当你喂给它食物以后，它也会道声"谢谢！"。除了人的语言，它还能够学会铜管乐中小号的鸣奏、火车的鸣笛声，模仿狗叫以及其他鸟类的鸣叫等。据说，有一只金刚鹦鹉的主人嗜酒，醉酒以后有时便对着架上的金刚鹦鹉说出一些音节模糊的话。久而久之，这只金刚鹦鹉也就学会了这些"醉话"，并且常常当着客人的面突然将这些"醉话"说出来，弄得大家莫明其妙，啼笑皆非。在鸟类中，还有一些善于模仿人语和其他叫声的种类，如八哥、鹩哥等，但都比不上金刚鹦鹉的口齿伶俐、活泼可爱。因此，说它们是鸟类中"巧言善辩"的冠军，肯定是当之无愧的。

　　那么，如此有趣的金刚鹦鹉是一种什么样的鸟呢？

外形特征

　　金刚鹦鹉，是大型攀禽的一种，产于美洲热带地区，是鹦鹉中色彩最鲜艳夺目的，也是体型最大的鹦鹉。

共有6属17个品种。具对趾足，每只脚有4只脚趾，两前两后。

该科鹦鹉喙如镰刀状，尾巴很长，主要吃水果，食量惊人，它们硕大的喙能将坚果从中啄开，然后用舌头将中间的果肉取出来。金刚鹦鹉面部没有羽毛，在兴奋时脸部会变成红色。雄雌鸟外形类似，并无多少区别。

金刚鹦鹉喜欢在河岸的树上和崖洞里筑巢，容易驯化，也能与其他类型的鹦鹉和睦相处，不过对于陌生人，它们可能会攻击，最长寿命可达65年，少数能活到80岁，一些种类还能模仿人说话，但不像野生鹦鹉那样尖叫。

生活习性

金刚鹦鹉是社会性鸟类，喜欢成对活动，经常聚集成10～30只的小群，繁殖期可以见到40只以上的家族成员一起活动。金刚鹦鹉很聪明，它们大声呼叫，用嘎嘎的尖叫声呼应着穿过森林树冠。通过发声在群内进行通信，标记领地，识别彼此。有些品种甚至可以模仿人类讲话。

晚上集群睡在树林中，到早上醒来后可进行长距离飞行，以水果、坚果、昆虫和蜗牛为食。金刚鹦鹉的力气很大，这主要是因为它的喙坚韧有力。

在亚马逊森林中，有许多棕树结着硕大的果实，这些果实的种皮通常极其坚硬，人用锤子也很难砸开，而金刚鹦鹉却能轻巧地用喙将果实的外皮弄开，吃到里面的种子。主要食用无花果、棕榈树果实等水果，浆果、种子、核果、蔬菜等食物。

除了特殊的外表和强大的力量外，金刚鹦鹉还有一个特点，那就是百毒不侵，这源于它所吃的泥土。金刚鹦鹉以果实和花朵为食，而其中自然免不了有毒的种类，但它们并不会中毒，它们会在岩壁上啄食土块，这是在食用了尚未成熟的或者有毒性的果实之后，为了减轻毒性而做出的一种自救行为，它们所吃的泥土中含有特别的矿物质，从而使它们百毒无忌。

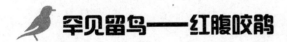

罕见留鸟——红腹咬鹃

在攀禽中，有一种不爱叫的鸟，它就是红腹咬鹃，是咬鹃科咬鹃属的鸟类。红腹咬鹃是一种罕见留鸟，分布于云南西北部的贡山、西部的高黎贡山及西藏东南部海拔1600～3000米地带。

那么，红腹咬鹃的外形是怎样的，又有什么生活习性呢?

外形特征

红腹咬鹃雌鸟的眉纹、额侧各有一块斑，头顶前部橙黄色；眼周、眼后及面颊呈黑色；头上余部及整个上体余部暗石板灰而沾橄榄黄色；侧尾羽黑色，末端具淡棕黄至近白色的长楔形斑；中央尾羽黑褐至黑色；翅黑褐至黑色，初级飞羽羽干及外缘白色，内侧飞羽及翅上覆羽具灰白至棕白色虫蠹状横纹。颔及上喉污黑色；下喉至胸与背同色；以下柠檬黄色，向下渐淡。雄鸟上体暗葡萄红色（或栗赤色）；中央尾羽黑色；侧尾羽赤粉红色替代了雌鸟的淡棕色；喉、胸暗葡萄红色，似头部；下体余部浓赤粉红色。

生活习性

红腹咬鹃喜欢吃野果或者捕食昆虫，偶尔也会随着飞虫而去，飞行力较差，虽快而不远，来来去去也寂静。主要食虫（飞蛾、所有类型的竹节虫、毛虫、蝗虫），用草叶和种子装饰巢穴，以空中飞过的昆虫或树上浆果和较大颗的种子为食。

红腹咬鹃不似其他鸟儿喜欢叫，它的叫声响亮而圆润，随叫速上升而

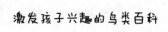

音调下降，与红头咬鹃叫声绝然不同。

　　红腹咬鹃分布范围有限，并且它的数量正在减少，因为栖息地的丧失，正逐渐接近于濒危。

参考文献

[1] 英国DK出版社. DK动物百科系列：鸟[M].北京：科学普及出版社，2020.

[2] 焦庆峰. 万物探索：鸟类王国[M]. 山东：山东美术出版社，2023.

参考文献